NUTZ-GARTEN

Planung
Aussaat
Aufzucht
Pflege
Ernte
Vermehrung

EIN UNVERZICHTBARER RATGEBER

NUTZ-GARTEN

Planung
Aussaat
Aufzucht
Pflege
Ernte
Vermehrung

INHALTSVERZEICHNIS

Morgens geerntet und mittags frisch auf den Tisch – da gibt es bestimmt nicht viele Menschen, denen das nicht ein bißchen zusätzliche Arbeit wert ist. Und daß dieses Gemüse und Obst nicht nur frisch, sondern auch weitgehend frei von schädlichen Rückständen aus Pflanzenschutzmitteln gewachsen ist, darin liegt ein weiterer nicht zu unterschätzender Vorteil des Gemüsegärtchens hinterm Haus. Es geht ja dem Hobbygärtner nicht in erster Linie um Höchsterträge, wie sie in Landwirtschaft und Erwerbsgartenbau leider immer noch von vielen zur einzigen Maxime gemacht werden. Es geht um sinnvolle Freizeitbeschäftigung, um ein schöpferisches und praktisches Hobby, dessen Wert gewiß auch im Ertrag, in erster Linie aber in der Pflege der bewirtschafteten Fläche liegen sollte. Daß daneben der geschmackliche Aspekt eine wichtige Rolle spielt, ist selbstverständlich.

Im eigenen Nutzgarten haben Sie die Möglichkeit, unbehandeltes Gemüse und Obst zu ernten.

Selbstgezogenes aus dem eigenen Garten ist nun einmal eine Freude für Gaumen und Auge. Und wenn man nicht nur den Salat, die Zwiebeln, die Möhren, Erbsen und all die anderen guten Sachen täglich frisch vom Beet holen kann, sondern auch die dazugehörigen Kräuter selbst anbaut, dann sind dem kulinarischen Einfallsreichtum kaum noch Grenzen gesetzt.

Außerdem kann man Gemüsearten heranziehen, die in jedem Supermarkt zu bekommen sind: Zuckererbsen, Artischocken, Cocktailtomaten, Schalotten, dazu vielerlei Beeren und Obst, das einfach zum Hineinbeißen schmeckt.

Und da man ja vieles, was gerade zur Ernte ansteht, für die weniger ertragreichen Jahreszeiten konservieren kann, wird der Speisezettel im Frühling, Sommer, Herbst und Winter gleichermaßen abwechslungsreich durch Frischkost aus dem eigenen Garten.

PLANUNG EINES FAMILIENNUTZGARTENS

Der Nutzgarten am Haus hat in ländlichen Gebieten eine lange Tradition, während die Stadtbevölkerung eher dem Ziergarten mit Rasen, Sträuchern, Stauden und Blumenrabatten den Vorzug gab. In der heutigen Zeit, in der ein Umdenken zugunsten der Natur stattfindet, steht bei vielen Menschen der Wunsch nach einem eigenen Nutzgarten – sei er auch noch so klein – im Vordergrund. Dies zeigt auch die zunehmende Bedeutung und Beliebtheit des Schrebergartens in Stadtnähe. Bei entsprechender Planung und Anlage wird der Nutzgarten, trotz aller Arbeit, bestimmt viel Spaß und Freude machen.

An langen Winterabenden ist für den Gartenbesitzer die beste Zeit, sich mit der Neuanlage oder Bestellung seines Nutzgartens zu beschäftigen. Anregungen dazu sind in Gartenbüchern und -katalogen sowie Zeitschriften zu finden. Vielleicht kann man aus den Erfahrungen des vergangenen Jahres Nutzen ziehen und neuerworbenes Wissen mit in die Planung einbringen. Mit Interesse und Liebe an der Sache und einigen gärtnerischen Kenntnissen wird der Hobbygärtner bald viel Frisches im eigenen Garten ernten und noch mehr Freude haben. Natürlich muß er seine Vorstellungen mit den ökologischen Gegebenheiten von Klima, Boden und Standort in Einklang bringen, d. h. für das vorhandene Klima geeignete Pflanzenarten und -sorten auswählen.

Eine hübsche Kombination für Nutz- und Zierpflanzen ist dieser Bauerngarten mit Rondell.

Klima

Unter Klima verstehen wir die Gesamtheit von Temperatur, Niederschlägen, Wind, Sonnenscheindauer, Vegetationszeit u. a. Abgesehen vom Großklima, also dem maßgebenden Klima einer bestimmten Region, ist es für den Hobbygärtner wichtig, sich mit den mikroklimatischen Bedingungen seines Gartens vertraut zu machen. Abhängig davon sind nämlich Anbau- und Erntetermine von Gemüse, da viele Arten kälteempfindlich sind, sowie die Auswahl der Obstgehölze. So wachsen Pfirsiche und Kiwis, also wärmeliebende Pflanzen, nur im Weinbauklima zufriedenstellend. Doch bei günstigem Kleinklima im Garten – die windgeschützte Fläche einer Südwand z. B. – und durch Auswahl frostharter Sorten gedeiht der Pfirsich bestimmt auch in unwirtlicheren Klimaregionen. Verbessert werden kann in klimatisch ungünstigen Gebieten das Mikroklima zudem durch Anbau unter Folie oder im Gewächshaus, durch zusätzliche Bewässerung oder durch Anlage von Windschutzhecken und -zäunen.

Windschutz ist besonders wichtig, denn weder die Obstgehölze noch die verschiedenen Gemüsearten vertragen stärkere Winde: Die Blätter trocknen vom Rand her ein, Blätter und Zweige werden geknickt, die Befruchtung durch Bienen unterbleibt, die Bodenkrume wird abgetragen. Besonders windempfindlich sind Buschbohne, Gurke, Chinakohl und Kürbis. Ungünstig sind jedoch auch ganz windstille Lagen. Am besten sind mäßige Luftbewegungen im Garten. Die Pflanzen trocknen nach dem Regen rasch ab, sind weniger anfällig für Krankheiten und Schädlinge und wachsen insgesamt besser durch ausgeglichenere Temperaturen und Kohlendioxydkonzentrationen im Pflan-

Ganz oben: Die Übergänge vom Ziergarten zu den Gemüsebeeten können fließend sein..

Oben: Eine niedrige Hecke kann Gartenteile optisch trennen und bietet kleinen Beeten Windschutz.

Links: Durch kleine Wege von allen Seiten gut begehbare Mischkultur eines Gemüsebeets.

Diese hohe Hecke bietet nicht nur Wind-, sondern auch Sichtschutz.

zenbestand. Das für das Pflanzenwachstum so wichtige Kohlendioxyd sammelt sich nämlich verstärkt in Bodennähe an und wird erst bei entsprechender Luftbewegung gleichmäßig um die Pflanzen verteilt. In windexponierten Lagen kann das Kleinklima durch Hecken aus Beerenobst- und Ziersträuchern, aber auch durch einjährige Windschutzpflanzungen von Sonnenblumen, Senf, Feuerbohnen oder Mais verbessert werden. Zu dichte Windschutzelemente sind weniger vorteilhaft, da sich dort die Feuchte länger hält und sich im Sommer die Hitze, im Winter und besonders im Frühjahr die Kaltluft staut.

Wer die mikroklimatischen Gegebenheiten in seinem Garten ausnutzt bzw. günstig beeinflußt, sichert sich von vornherein höhere Erträge.

Ganz oben: Eine solch hübsche Wildhecke zieht auch allerlei Getier an.

Oben: Durch Aufschichtung dieser „Steinmauer“ wird das Mikroklima günstig beeinflußt.

Boden

Der Boden gibt den Pflanzen nicht nur Halt, sondern liefert ihnen über ihr Wurzelsystem Wasser- und Nährstoffe, beides lebenswichtig für gutes Pflanzenwachstum. Seine Eignung für den Anbau von Obst und Gemüse wird durch die physikalischen, biologischen und chemischen Eigenschaften bestimmt. Eine den Bedürfnissen der Pflanzen entsprechende Bodenbeschaffenheit ist also das A und O des Gartenbaus.

Bodenarten

An der Bodenbildung sind die verschiedenen Ausgangsgesteine, das Klima, die Pflanzen- und Tierwelt und natürlich auch der Mensch maßgeblich beteiligt. Unsere Böden setzen sich hauptsächlich aus Ton, Sand und Humus zusammen. Nach der Art, wie sie bearbeitet werden können, unterscheidet man grob zwischen schweren, mittelschweren und leichten Böden. Dazwischen gibt es unzählige Übergangsformen. Leichte Böden, also Sandböden, sind wegen ihres geringen Wasserspeichervermögens trockene Böden. Im Frühjahr trocknen sie rasch ab und erwärmen sich schnell. Schon frühzeitig kann der Gärtner seine Beete bestellen, und sie lassen sich auch bei jedem Wetter begehen. Hoch sind Wasserdurchlässigkeit und Durchlüftung solcher Böden, ihre Durchwurzelung leicht. Gefährdet sind sie durch Auswaschung von Nährstoffen und in regenarmen Zeiten durch Trockenheit. Es muß zusätzlich gedüngt und in Trockenzeiten regelmäßig gegossen werden, möglichst aber nur mit nicht zu großen Wassergaben.

Schwere Böden sind z.B. Tonböden. Tonböden neigen nach starken Niederschlägen zu Staunässe, im Wurzelbereich kann dann Sauerstoffmangel auftreten. Sie erwärmen sich langsam – man spricht auch von »kalten Böden« – sind schwer zu bearbeiten, da beispielsweise Umgraben oder Hacken nur zu ganz bestimmten Zeiten möglich sind: Ein zu trockener Tonboden ist zum Bearbeiten viel zu hart, im nassen Zustand bleibt die Erde an Spaten und Stiefel hängen und es treten Verdichtungen auf.

Oben: Ein Sandboden ist trocken, da das Wasserspeicherungsvermögen gering ist.

Links: Ein typisches Bodenprofil, wie es sich aus sandigem Untergrundgestein im Laufe der Zeit entwickelt.

Lehmböden nehmen je nach Anteil ihrer Ton-, Schluff- und Sandfraktionen eine Mittelstellung zwischen leichten und schweren Böden ein; das gilt auch in Bezug auf Erwärmung im Frühjahr, Wasser- und Nährstoffhaltevermögen und die Art, wie sie sich bearbeiten lassen. Lehmige Sande und sandige Lehme bieten die besten Voraussetzungen für einen ertragreichen Nutzgarten. Natürlich kommt dabei auch dem Gehalt an organischer Substanz große Bedeutung zu. Ein höherer Humusgehalt sorgt nicht nur für eine bessere Bodenstruktur, sondern steigert auch das Nährstoffspeicher- und Pufferungsvermögen des Bodens.

Humus

Der fruchtbare Gartenboden enthält viel organische Substanz. An deren Ab- und Umbau sind Bodenflora und Bodenfauna beteiligt. Die organische Substanz ist die Grundlage ihres Lebens. Unzählige Kleintierchen wie Fadenwürmer, Milben, Spinnentierchen, Tausendfüßler, Regenwürmer u. a., aber auch riesige Mengen von Pilzen, Algen, Bakterien verarbeiten alle Pflanzenreste und organischen Substanzen, die wir zuführen. Würde man das, was der Boden hervorbringt, nicht abernten, so könnten die nachfolgenden Kulturen die nötigen Nährstoffe von den abgestorbenen Pflanzenteilen beziehen. Nährstoffe, die von der Pflanze nicht nutzbar sind, werden von den Bodenlebewesen aufgeschlossen und in eine pflanzenaufnehmbare Form umgewandelt. Bei Abbau und Umbau der organischen Substanzen entstehen wertvolle Humusstoffe und durch die Aktivität des Bodenlebens eine Krümelung des Bodens. Dann besitzt der Boden eine gute Struktur. Eine ausreichende Humusschicht hält die Nährstoffe fest, bewahrt sie vor Auswaschung in den Unterboden und verbessert die Durchlüftung des Bodens. Durch die Atmung der Bodenlebewesen entsteht Kohlendioxid (CO_2), das die Pflanzen für ihren Kohlenhydrataufbau nutzen können. Unter der Vielzahl der Bodenlebewesen ist der Regenwurm wohl der wichtigste Vertreter. Durch seine Tätigkeit wird der Boden besser durchlüftet und die Wasserleitfähigkeit verbessert. Außerdem reichert der Regenwurm in seinen Exkrementen Nährstoffe an. Deshalb sollten im eigenen Garten die Lebensbedingungen für den Regenwurm besonders günstig gestaltet werden.

Bodenreaktion

Der fruchtbare Gartenboden ist gekennzeichnet durch den richtigen pH-Wert. Dies ist eine Größe, mit der der Säuregrad des Bodens angegeben wird. In der Natur finden wir pH-Werte meist im Bereich zwischen 4 (sauer) und 8 (alkalisch)

pH	4	7	8
Bereich	stark sauer	neutral	schwach alkalisch

Im Gartenboden liegt der optimale pH-Wert im Bereich von 6–7. Bei zu hohem oder zu niedrigem pH-Wert zeigen die Böden ungünstige Eigenschaften. Spurenelemente wie Molybdän, Mangan und Eisen werden festgelegt, so daß an den Pflanzen Mangelsymptome auftreten.

Ist der Säuregrad zu niedrig, werden für die Pflanzen giftige Stoffe frei, wie z. B. Aluminium und Mangan. Das Bodengefüge leidet, denn nur durch viel Kalk wird die Krümelbildung des Bodens gefördert. Nicht zuletzt ist im schwachsauren bis neutralen Bereich das Bodenleben intensiver; insgesamt betrachtet werden also alle Bodeneigenschaften stark vom pH-Wert beeinflußt.

Oben: Beim Abbau organischer Substanz entsteht Humus.

Mitte: Leichter bis schwerer Boden: Profil eines Lehmbodens.

Einteilung des Gartengrundstückes

Eines Tages haben wir endlich ein Stück Garten zur Verfügung, meist ist es nur eine begrenzte Quadratmeterzahl an Fläche gegenüber tausend Wünschen und Vorstellungen, die darauf verwirklicht werden sollen.

Wem rund ums Haus eine große Gartenfläche zur Verfügung steht, der kann bei der Anlage seines

Wohn- und Nutzgartens großzügiger vorgehen: Sitzplätze, ausgedehnte Gehölzgruppen, Steinanlagen, Blumenbeete, einen Spielplatz mit Schaukel und Sandkiste, ein paar Gemüsebeete u. v. m. können nebeneinander angelegt werden.

Bei kleinen Gärten muß viel exakter geplant und nachgedacht werden, damit dem Besitzer sein kleiner Garten nicht allzubald buchstäblich über den Kopf wächst.

Bevor man mit der Planung beginnt, sollte man mit Bekannten und Nachbarn, die schon länger ein Gartenstück besitzen und Hand an ihren Garten gelegt haben, Gedanken und Erfahrungen austauschen. So kann man den einen oder anderen Fehler in seinem Garten vermeiden und hat seinen Blick bereits geschärft für Gartenanlagen, Wege und Terrassen, Blumen und Gehölze, Nutzpflanzen und Spalierobst, Gartenteiche und Trockenmauern.

Ganz gleich, ob ein großes oder kleines Grundstück zur Verfügung steht, wer gerne frisches Obst und Gemüse ißt und die Gartenarbeit liebt, der wird natürlich einen Nutzgarten in die Planung einbeziehen. Gerne wird der Nutzgarten in die hinterste Ecke des Gartens verbannt, eigentlich nicht immer einzusehen, da auch Nutzpflanzen ihre dekorativen Reize besitzen. Am besten ist es, den Nutzgarten nicht strikt vom übrigen Garten abzutrennen. Bestimmte Kräuter z. B. haben nicht nur Würze, sondern auch ihre Schönheit und passen ohne weiteres ins Blumenbeet; man denke nur an Boretsch und Dill, an Lavendel und Rosmarin, an Thymian und Salbei. Auch ein blau- oder rosablühender Ysopstrauch und selbst die verschiedenen Salate sind eine Zierde für jeden Garten und Anziehungspunkt für Bienen und Schmetterlinge.

Wichtig ist bei der Suche nach einem geeigneten Standort, daß der Nutzgarten in voller Sonne liegt. Denn auf schattigen oder halbschattigen, nassen Plätzen kann der Anbau von Gemüse auf keinen Fall erfolgreich sein. Anzustreben ist eine Trennung zwischen Obst- und Gemüsegarten, es sei denn ein Spindelbusch wird gepflanzt oder ein Obstspalier angelegt. Häufig wird der Fehler gemacht, am Gemüsebeetrand einen Obstbaum zu pflanzen, ohne daran zu denken, daß er in ein paar Jahren sei-

Oben Mitte: Knackig-frischer Eissalat aus dem eigenen Garten.

Oben: Gut durchdacht und angelegt ist dieser Teil eines großen Nutzgartens.

Mitte: Die Einteilung des Grundstücks muß stimmen: Hier ein gut organisierter Bauerngarten.

nen mächtigen Schatten auf die Gemüsebeete wirft. Alle Gemüsearten als Unterkulturen unter Obstbäumen gedeihen schlecht, Erträge und Qualitäten lassen zu wünschen übrig. Denn volle Sonne sorgt für besseres Wachstum und besseres Aroma.

Folgende Zahlen können nur Anhaltspunkte liefern, die eigenen Richtwerte ergeben sich erst nach Jahren intensiver Gartenerfahrung. Für den Haushalt mit geringer Selbstversorgung rechnet man zwischen 20 und 30 Quadratmeter Anbaufläche

Größe des Gemüsegartens

Bei der Planung ist genau zu überlegen, wie groß der Nutzgarten eigentlich sein soll. Dafür gibt es natürlich keine genauen Richtwerte. Denn die ideale Größe hängt von ganz unterschiedlichen Gesichtspunkten ab, etwa vom Standort, von der Intensität des Anbaues, der verfügbaren Arbeitszeit und nicht zuletzt von den persönlichen Ansprüchen und Eßgewohnheiten. Je mehr Platz für den Nutzgarten zur Verfügung steht, desto besser, aber unterschätzen Sie nicht die Arbeitsbelastung, die auf Sie als Freizeitgärtner zukommt. Wird einem die Arbeit zuviel, verliert man sehr schnell die Freude am Gärtnern.

pro Person. Demgegenüber benötigen Selbstversorger, die sich vorwiegend vegetarisch ernähren, eine Fläche von ca. 800 m^2 pro Person. Aber wer hat schon solch große Flächen zur Verfügung und möchte seine kostbare Freizeit ausschließlich im Nutzgarten verbringen? Mit 50 Quadratmeter Anbaufläche pro Person rechnet man bei weitgehender Selbstversorgung. Man muß nur die kleine Gartenfläche intensiv nutzen und die Kulturfolge richtig aufeinanderabstimmen, so daß man das ganze Jahr über ernten kann und ständig frisches Gemüse hat.

Die Beete werden mehrmals genutzt, sie sind während der gesamten Vegetationsperiode besetzt, also auch beschattet, was für den Boden nur vorteilhaft ist. Vielleicht verzichtet man besser auf die eine oder andere Kultur mit hohem Platzbedarf und

Oben: Je großzügiger das Grundstück ist, desto vielfältiger sind die Anbaumöglichkeiten.

Mitte rechts: Allerlei Gemüse (Mangold, Kümmel u. a.) und einige Ringelblumen auf einem Beet.

Rechts: Ein Gartenstück für Blumen- und Salatliebhaber.

häufig starkem Schädlingsbefall. Das gilt für Rot- und Weißkohl, die viel Fläche beanspruchen und im Herbst billig auf dem Markt oder beim Erzeuger einzukaufen sind. Bei entsprechender Planung ist man vom Frühjahr bis zum Spätherbst und sogar den ganzen Winter über mit Vitaminspendern aus eigener Erzeugung versorgt. Und falls die Ernte den persönlichen Bedarf nicht deckt, so gibt es vielleicht noch die Möglichkeit, den Nutzgarten zu vergrößern.

Ist die Flächenaufteilung in Nutz- und Ziergarten geklärt, wird zur detaillierten Gestaltung der Fläche ein Gartenplan erstellt. Am besten machen Sie sich für ihren zukünftigen Garten einen maßstäblichen Grundplan, ganz gleich ob Sie ihren Garten neu planen oder ob ein vorhandenes Grundstück umgestaltet wird. Dem Laien ist zum Zeichnen Millimeterpapier zu empfehlen. Je größer der Maßstab, desto genauer wird die gesamte Planung. Der Maßstab 1:100, also 1 cm auf dem Plan gleich 100 cm in der Natur, schützt vor Rechenfehlern! Messen Sie ihren Nutzgarten genau aus und tragen Sie die Maße und Himmelsrichtungen in den Plan ein. Nach Möglichkeit wird der Nutzgarten in Süd-, Südwest- und in Südostlagen angelegt. Die Grundform ist immer quadratisch oder rechteckig, es sei denn die Grundstücksform sieht es anders vor. Zu berücksichtigen sind auch die Lage zu den Gebäuden, Wege und Wasserleitungsanschlüsse.

Linke Spalte von oben nach unten: Leitungswasser steht zum Erwärmen ab; Reinstes Wasser aus dem eigenen Brunnen; Auffangbehälter für Regenwasser.

Für eine gesicherte Wasserversorgung am richtigen Platz sollte gesorgt sein.

Wasser im Nutzgarten

Nicht vergessen werden darf bei der Anlage des Nutzgartens die Wasserstelle. Die natürlichen Niederschläge reichen vor allem in regenarmen Zeiten nicht aus, um die Pflanzen mit ihrem hohen Wasserbedarf ausreichend mit Flüssigkeit zu versorgen. Deshalb muß zusätzlich gegossen werden. Zum Gießen verwendet man Brunnen- oder Leitungswasser. Der Wasserhahn im Garten sollte dort installiert sein, wo am häufigsten Wasser benötigt wird, nämlich in der Nähe des Nutzgartens. Empfehlenswert ist, den Zugang zur Wasserstelle mit Wegesteinen oder -platten zu befestigen, damit beim Gießen nicht ständig

Schuhe und Füße naß werden. Noch besser ist es, wenn man im Garten einen Brunnentrog aufstellt. Hier kann sich das Wasser erwärmen, eventuell kann darin Regenwasser vom Dach gesammelt werden. So läßt sich wertvolles und teures Leitungswasser sparen. Im Herbst ist die Wassertonne zu leeren, die Gartenleitungen müssen leer laufen, damit sie nicht beim ersten stärkeren Frost bersten.

Typisch für den Bauerngarten ist die Teilung der Gemüsebeete durch ein Wegkreuz in gleichgroße Flächen. In der Mitte ist bei dieser Gartenform oft noch ein Blumenrondell vorgesehen, so wie es in barocken Gärten häufig der Fall war. Eine andere Grundform des Nutzgartens ist die, daß der Garten durch einen befestigten Weg in zwei Hälften geteilt wird und die Beete zu beiden Seiten in Reihen angelegt werden. Die Beetbreite sollte 1,20 m sein, besser noch 1,10 m, um laufende Pflegearbeiten leichter durchführen zu können. Sind die Beete nur von einer Seite zu bearbeiten, so sind die Beetbreiten nur halb so groß. Die Tretwege zwischen den Beeten macht man etwa 30 cm breit; sie werden im Herbst mit den Anbauflächen gemeinsam bearbeitet. In großen Gärten sind die Hauptwege meist breiter, damit sie mit der Schubkarre bequem befahren werden können. In Bauerngärten kann die Breite des Mittelweges sogar 1,20 m messen. Am einfachsten ist es, die Beete und Wege mit einer Gartenschnur abzustecken.

Grenzen die Gemüsebeete an Rasenflächen, so ist eine feste Begrenzung aus Natur-, Beton- oder Ziegelsteinen vorteilhaft. Die Beetbegrenzung erspart nicht nur das ständige Abstechen der Rasenkante, sondern verhindert auch das Einwachsen von Gräsern in den Garten und ist zudem beim Rasenmähen als sogenannte Mähkante äußerst praktisch. Ansonsten kann auf eine spezielle Beeteinfassung verzichtet werden.

Beetanordnung

Was die Anordnung der einzelnen Beete betrifft, so faßt man diese zu Reihen oder Blöcken zusammen. Im Bauerngarten mit seinen klaren, geometrischen Formen werden die Beetblöcke häufig mit Buchs eingesäumt.

Die richtige Beetanordnung ist Voraussetzung für eine ungehinderte und vereinfachte Pflegearbeit.

Hügel- und Hochbeet

Vor allem in kleinen Nutzgärten ist diese Form des Anbaus besonders vorteilhaft. Hügel- und Hochbeet ermöglichen auf kleinster Anbaufläche höchste Erträge und gute Gemüsequalität. Im Grunde genommen sind Hügel- und Hochbeet nichts anderes als ein besonderer Komposthaufen. Die beim Rotteprozeß entstehende Wärme und die freigesetzten Nährstoffe fördern das Pflanzenwachstum in ganz besonderer Weise. Wie wird ein Hoch- oder Hügelbeet angelegt?

Das ganze Jahr über wird pflanzliches Material gesammelt, zum Beispiel abgeschnittene Äste und Zweige, abgestochene Grassoden, Rasenschnitt, abgestorbenes Kraut von Stauden, Gurken, Tomaten; das alles wird dann nach genauem Schema zu einem Hügelbeet aufgeschichtet. Lohnend ist die arbeitsaufwendige Anlage natürlich nur im häuslichen Garten: aber dort läßt sie eine reiche Ernte erwarten. Angelegt wird das Hügel- oder Hochbeet im Frühjahr, noch besser geschieht der Aufbau bereits im Herbst, damit sich der »Haufen« bis zum Anbau der Kulturen schon etwas setzen kann.

Zunächst wird ein Beet an einem sonnigen Platz in Nord-Süd-Richtung, um die Sonneneinstrahlung besser auszunutzen, in einer Breite von 1,50–1,80 m abgesteckt. Die Länge ist beliebig, optimal sind Längen von 4 m und darüber. Schichten bis zu einem Meter Höhe erlauben ein müheloses Bearbeiten. In dem ausgesteckten Beet wird spatentief eine Mulde ausgegraben und die ausgegrabene Erde seitlich gelagert. Ganz zuunterst in diese Mulde legt man als Schutz vor Wühlmäusen ein feinmaschiges Drahtnetz. Den Kern bilden grobe, holzige Gartenabfälle (Äste und Zweige von Obstbäumen, Sträuchern und Hecken), die auf 20–30 cm Länge abgeschnitten, hügelförmig 40–50 cm hoch aufgestapelt und mit etwas

Oben: Vorteilhaft sind Hügelbeete in kleinen Nutzgärten.

Rechts: Ein Hügelbeet mit Tomatenkultur.

Kalkstickstoff bestreut werden. Verwendet man holzige Stengel, zum Beispiel von Stauden und Sommerblumen, ist die Gefahr des Austrocknens im Kern geringer, aber die Produktion von Verrottungswärme kürzer. Darüber schichtet man abgestorbene Rasensoden mit den Wurzeln nach oben oder, als Ersatz dafür, ein Gemenge aus Gras, Erde und Stroh. Diese Schicht wird festgetreten und ihrerseits bis zu 30 cm dick mit angefeuchtetem Laub oder Stroh, wiederum bestreut mit Kalkstickstoff, abgedeckt. Darüber verteilt man eine Lage Stallmist, wenn man eine Bezugsquelle dafür hat, ansonsten folgt grobverrotteter Kompost oder Frischkompost. Man beschließt den Aufbau mit einer 15 cm hohen Schicht aus humoser Gartenerde, die festgeklopft wird.

So ist nun ein beachtlich großer Hügel entstanden, über dessen Grat man eine Regenrinne zieht. So kann das Regen- und Gießwasser nicht seitlich wegrinnen, sondern versickert nach und nach in den Kern des Hügelbeetes. Auf sandigem Untergrund ist zusätzliches Wasser besonders erwünscht, denn dort trocknet das Hügelbeet allzu leicht aus.

Auch wenn der Aufbau eines Hügelbeetes mit viel Arbeit verbunden ist, so lohnt er doch, da die größere Anbaufläche natürlich höhere Erträge mit sich bringt. Und darüber hinaus lassen sich durchwegs sichere Ernten durch die höheren Bodentemperaturen erwarten: Zum einen erwärmen sich Hügelbeete schneller durch die intensivere Sonneneinstrahlung am Hang, zum anderen wird beim Abbau der organischen Substanz ständig Wärme und zusätzlich auch das für das Pflanzenwachstum so notwendige Kohlendioxyd (CO_2) freigesetzt. Durch das frühzeitige Abtrocknen der Fläche können bereits sehr zeitig im Frühjahr Möhren und Petersilie gesät werden. Vor allem wärmeliebende Pflanzen wie Tomaten und Gurken danken den

In einem richtig angelegten Hügelbeet können Sie mit solch reicher Rotkohlernte rechnen.

Anbau auf dem Hügelbeet mit stärkerem Fruchtbehang. Natürlich können dort auch alle anderen Nutzpflanzen kultiviert werden, sogar Erdbeeren und Kartoffeln. Im allgemeinen wird man Gemüse auf dem Hügelbeet in Mischkultur anbauen. Auf alle Fälle sind dabei die Regeln der Mischkultur zu beachten.

Auch alle anderen gärtnerischen Anbaumethoden kommen auf dem Hügelbeet zum Einsatz, zum Beispiel Ernteverfrühung mit Folie und Vlies oder das Abdecken des Bodens mit einer Mulchschicht. Das sowieso nicht immer günstige Umgraben des Bodens im Herbst entfällt am Hügelbeet. So sehr man sich beim Aufbauen plagen muß – man denke nur an das Sammeln all der Gartenabfälle –, um so leichter lassen sich in den nächsten Jahren die Gartenarbeiten verrichten. Das anstrengende Bücken hält sich bei der Bearbeitung des Hügelbeets in Grenzen, beim Hochbeet entfällt das Bücken völlig. So eignet sich gerade das Hochbeet für ältere und behinderte Menschen zum Gärtnern; es wird deshalb in der Behindertentherapie gern eingesetzt.

Das Hochbeet wird wie das Hügelbeet aus verschiedenen organischen Materialien aufgebaut. In gleicher Weise schichtet man hier abgeschnittene Äste und Zweige, zusammengerechtes Laub, halbfertigen Kompost und feine Komposterde übereinander. Der Unterschied zum Hügelbeet besteht darin, daß das Beet nicht als Hügel, sondern daß das Hochbeet flach gestaltet ist. Zur Befestigung wird es mit dünnen Rundhölzern, ca. 7–8 cm im Durchmesser, oder Halbrundhölzern eingefaßt.

Boden und Seitenwände legt man mit feinem Maschendraht aus, um dem Eindringen von Wühlmäusen vorzubeugen. Angelegt wird das Hochbeet an einer sonnigen Stelle im Garten, zum Beispiel auch mitten im Rasen, ohne auf die Himmelsrichtung zu achten. Die Länge wird auf 4–5 m, die Breite auf etwa 1,50 m abgesteckt. Nach dem Ausheben von 25 cm Erde werden die Eckpfeiler und an den Längsseiten in der Mitte die Pfosten in den Boden geschlagen und anschließend die Hölzer bis zu einer Höhe von 80 cm quer aufeinandergestapelt. Das Auffüllen mit den entsprechenden Schichten geschieht in gleicher Reihenfolge wie beim Hügelbeet. Wird das Hochbeet im Herbst angelegt, so hat sich bis zum Frühjahr der Boden bereits etwas abgesetzt. Die fehlenden Zentimeter sind mit guter Komposterde aufzufüllen.

Die Nutzung ist ähnlich wie beim Hügelbeet. Die hochwachsenden Tomaten stehen in der Mitte. Daran anschließend können Radieschen oder Möhren gesät werden. Auch Kopfsalat, Lauch und Zwiebeln sät oder pflanzt man reihenweise. Gurken stehen am Rand, wo sie wunderbar nach unten ranken können.

Noch mehr als beim Hügelbeet ist besonderes Augenmerk auf das Gießen zu richten. Wurde sehr trockenes Kompostmaterial verwendet, ist das Hochbeet vor dem Bepflanzen intensiv zu wässern. In den Sommermonaten trocknen diese erhöhten Beete viel schneller aus als die herkömmlichen Gemüsebeete. Deshalb gerade

im Hochsommer die Beete regelmäßig auf Feuchtigkeit kontrollieren und sie durchdringend gießen, vor allem weil der Wasserbedarf durch das intensivere Wachstum wesentlich höher ist.

Sechs Jahre lang kann so ein Hochbeet genutzt werden und bei intensiver Bepflanzung ist vom Frühsommer bis zu den ersten Frösten zu ernten. Denn durch das rasche Erwärmen und Abtrocknen des Bodens im Frühjahr können Petersilie und Möhren sehr bald ausgesät und die Zwiebeln sehr früh gesteckt werden. Gedüngt werden muß erst nach einer Reihe von Anbaujahren. In den ersten 2–3 Jahren sind bevorzugt starkzehrende Gemüsearten anzubauen. Denn der Nährstoffgehalt, insbesondere der an Stickstoff, ist anfangs sehr hoch, und Blattgemüse wie Kopfsalat, Mangold u. a. würden unerwünscht hohe Nitratgehalte aufweisen, wenn man sie auf einem frisch angelegten Hoch- oder Hügelbeet anbauen wollte.

Oben: Eine sorgfältige Planung zur sinnvollen Nutzung sollte der Anlage eines Hochbeets vorausgehen.

Links: Durch das Hochbeet ist dieser Nutzgarten aufs beste „ausgelastet“.

FRISCHE GRÜNKOST RUND UMS JAHR

Wer sich das ganze Jahr über mit frischem Gemüse und Obst aus dem Garten versorgen will, der muß in seinen Beeten optimale Bedingungen schaffen und sich für Anzucht, Anbau, Fruchtfolge und Erntezeiten ein richtiges Programm machen. Auch wenn es für eine komplette Selbstversorgung nicht reicht, so sollten doch immer frische Kräuter und Salatzutaten zur Hand sein. Zur Planung gehört auch, daß man eine sinnvolle Vorratshaltung betreibt und Überschüsse tiefgefriert, trocknet oder sonstwie konserviert.

Bodenvorbereitung

Unser Ziel im Nutzgarten ist es, gute Erträge von einwandfreier Qualität aus dem Boden herauszuholen. Gutes Wachstum im Garten hängt weitgehend von der Beschaffenheit des Bodens ab. Der Boden besteht aus mineralischen und organischen Bestandteilen, aus Bodenluft, Bodenwasser und Lebewesen. Alle Kulturpflanzen gedeihen am besten auf einem gesunden und mit Nährstoffen gut versorgten Boden mit intensivem Bodenleben. Deshalb muß dem Boden höchste Sorgfalt gelten, um reiche Ernten von Gemüse und Obst zu erhalten.

Es hat keinen Sinn sich in neu anzulegenden Gärten mit der Gestaltung und Bepflanzung zu befassen, ehe nicht der Boden sorgfältig bereitet und in einen bestmöglichen Zustand versetzt worden ist. Denn erfolgreiches Gärtnern setzt gute Bodenvorbereitung voraus, vor allem wenn der Boden durch Baumaschinen und Bauarbeiten verdichtet und wasserundurchlässig geworden ist. Dies hat Staunässe und Sauerstoffmangel im Wurzelbereich zur Folge und läßt all die später angepflanzten Kulturen nur schlecht – wenn überhaupt – gedeihen. Nachträgliche Verbesserungsmaßnahmen sind immer aufwendiger und natürlich auch teurer und arbeitsintensiver und versprechen noch dazu weniger Erfolg; einer guten und intensiven Bodenvorbereitung, vor allem bei der Neuanlage eines Gartens, muß also besondere Aufmerksamkeit geschenkt werden.

Beim Aushub der Baugrube sollte der humose Oberboden getrennt von der vorhandenen Grasschicht in sauberen Erdhaufen von etwa 1,50 m Höhe seitlich gelagert werden. Das sorgfältige Bergen des Mutterbodens macht sich immer bezahlt. Denn Mut-

Auf gut vorbereitetem Boden gedeihen all die beliebten Küchenkräuter in Fülle.

Bevor es aber ans Säen, Pflanzen und schließlich Ernten geht, muß der Boden bereitet sein – buchstäblich.

Bei „neuen" Gärten sollte der Boden durch eine Gründüngungsbepflanzung verbessert werden.

terboden gibt es niemals zuviel, sondern meist zu wenig, wie jeder Gartenbesitzer beim Planieren feststellen muß. Damit der belebte Humusboden bis zum erneuten Planieren des Grundstücks vor schädlichen Witterungseinflüssen geschützt ist, sollte man an eine Einsaat mit Gründüngungspflanzen denken. In der Bauphase selbst ist ständig darauf zu achten, daß nicht Schutt, gebrochene Ziegelsteine, Zementreste, Elektrokabel, Eisenstücke, Plastiksäcke und manch anderer Abfall am Bau still und heimlich im Boden vergraben oder achtlos auf dem Grundstück gelagert werden. Wo dies doch geschieht, ist der Boden vor dem endgültigen Planieren des Geländes wieder davon zu säubern.

Außerdem sind die durch Baufahrzeuge entstandenen Bodenverdichtungen vor dem Aufbringen des Mutterbodens tief zu lockern, um bei starken Regenfällen stauende Nässe zu verhindern und intensives Durchwurzeln bis in tiefere Bodenschichten nachhaltig zu fördern. Das geschieht durch ›Holländern‹ oder ›Rigolen‹.

Ist der Garten nach starken Regenfällen zu naß, sei es daß der Grundwasserstand zu hoch oder der Boden durch eine wasserundurchlässige Schicht begrenzt wird, so bleibt einem nichts anderes übrig, als die Flächen durch geeignete Entwässerung nutzbar zu machen. Eine andere Möglichkeit ist, die Beete durch Auffüllen mit brauchbarer Erde höher zu legen. Denn wenn der Boden zu naß ist, werden Bodenflora und -fauna geschädigt; ohne tätige Mikroorganismen aber gibt es keinen fruchtbaren Boden. Natürlich kann man auch andere unterstützende Maßnahmen zur Bodenverbesserung vornehmen, zum Beispiel mit Torf, Humus, Ernterückständen, damit der Boden nicht mehr so naß und kalt ist.

Ein weiteres Problem sind die ausdauernden Unkräuter wie Distel, Giersch, Quecke, Ackerwinde, um nur einige zu nennen, die vielfach unausrottbar erscheinen. Bei kleinen Gartenflächen sind sie einschließlich der langen Wurzeln am besten beim Umgraben mit der Hand zu entfernen. In den Jahren danach sollte man sie beim Aufkommen eines Blättchens schon durch Ausgraben der Wurzeln bekämpfen. Nur wer die ausdauernden Wurzelunkräuter ständig stört, frühzeitig tief ausgräbt bzw. absticht, wird in ihrer Bekämpfung erfolgreich sein.

Zu bedenken ist, daß Unkräuter häufig auch den Nährstoffzustand eines Bodens anzeigen. So sind Quecken und Ackerwinden besonders wüchsig auf Böden mit guter Nährstoffversorgung. Ackerdistel und Ackerwinden trifft man häufig auf sehr kalkreichen Böden an. Man könnte hier noch eine Reihe anderer Unkräuter nennen, die gleichsam Zeigerpflanzen sind.

Für den Gemüsegarten sollte eine Humusschicht von mindestens 50 cm aufgetragen werden.

Nur im optimalen Feuchtezustand sollte der Boden bearbeitet werden.

Am ertragreichsten sind tiefgründige Böden, in denen das Wurzelwachstum der Pflanzen nicht eingeschränkt ist. Da viele Gemüsearten tief wurzeln, sollte die Humusauflage mindestens 50 cm betragen. Wegen des ständigen Abbaus von Humus ist Sorge dafür zu tragen, daß neuer Humus zugeführt wird. Das geschieht entweder durch Untergraben von gut verrottetem Stallmist, Kompost, Ernterückständen oder Gründüngungspflanzen. Näheres dazu ist im folgenden Abschnitt über Bodenverbesserung nachzulesen.

Bei großer Trockenheit, aber auch bei anhaltenden Regenfällen ist es nicht sinnvoll, den Boden in irgendeiner Weise zu bearbeiten. Denn zu trockener Boden verkrustet und wird noch härter; bei Regen aber wird er verdichtet und bleibt an Schuhen und Spaten kleben. Deshalb den Boden nur im optimalen Feuchtezustand bearbeiten, sonst schadet man dem Boden mehr als daß man ihn pflegt.

Bodenverbesserung

Nur wer den Gartenboden ständig pflegt und verbessert, wird seine Fruchtbarkeit erhalten und sogar noch erhöhen. Schonende Bodenbearbeitung ist für den Gärtner oberstes Gebot. Denn schließlich ist fruchtbarer Gartenboden lebendig: Die Gesteine und Minerale verwittern, und Bodenflora und -fauna sind an dem Abbau, der Umwandlung und dem Aufbau von organischer Substanz beteiligt.

Durch das Bearbeiten und durch den Entzug von Biomasse würde sich ein guter Boden ständig verschlechtern. Bodenstruktur sowie Bodenfruchtbarkeit – die Grundlage dafür ist der Humus – verändern sich durch die häufig sehr einseitige und intensive Nutzung des Gartens im Laufe der Zeit negativ. Nicht zu übersehen sind auch die beträchtlichen Mengen an Nährstoffen, die jährlich durch regelmäßige Ernten dem Boden verlorengehen. Denn darin unterscheidet sich der Nutzgarten von der Natur, daß im natürlichen Kreislauf abgestorbene Pflanzen und Pflanzenteile den verbrauchten Humus und die Nährstoffe wieder ersetzen. Es ist also ganz im Sinne der Natur, wenn der Gärtner einen Ausgleich zwischen verlorengegangenem Humus und zugeführter organischer Substanz schafft. Egal in welcher Form auch immer die Zufuhr organischer Stoffe geschieht, sei es mit Stallmist, Kompost, organischen Düngemitteln, Gründüngungspflanzen oder Ernterückständen, profitieren wird in jedem Fall der Boden, aber indirekt natürlich auch der Gärtner. Denn in seinem Garten werden alle Pflanzen dauerhaft wachsen, blühen und fruchten.

Zufuhr organischer Substanzen durch Gründüngungspflanzen. Hier Lukarnatklee.

Stallmist

Nach wie vor ist Stallmist ein wertvoller und billiger organischer Dünger. Vor allem im ländlichen Raum wird heute noch vorwiegend mit Stallmist organisch gedüngt, während dem Städter nur in Ausnahmefällen – etwa in der Nähe eines Reitstalles – Stallmist für seinen Garten zur Verfügung steht. Stallmist verbessert die Bodenstruktur und ist darüber hinaus ein wertvoller Nährstofflieferant. Schwere Böden werden bei regelmäßiger Stallmistzufuhr gelockert und besser durchlüftet, in leichten Böden wird der Wasserhaushalt verbessert. Je nach Beschaffenheit und Struktur des Bodens baut sich die im Stallmist enthaltene organische Substanz mehr oder weniger rasch ab. Im Vergleich

zu Torf zersetzt sich Stallmist wesentlich schneller, d. h. die Humussubstanz ist weniger stabil. Aber in der heutigen Zeit, wo man weiß, daß durch den Torfabbau wertvolle Moorlandschaften für immer zerstört werden, sollte man Torf im Garten nur sehr sparsam verwenden.

In der Regel wird Stallmist alle 2 Jahre in nicht allzu großer Menge in den Boden eingearbeitet. Es genügen 4–5 kg/m² Boden. Auf schweren Böden können Stallmistgaben bereits im Herbst flach untergegraben werden, da hier die mikrobielle Zersetzung nur sehr langsam abläuft. In leichte Böden sollte Stallmist erst im Frühjahr aufgebracht und etwas tiefer eingearbeitet werden. Ansonsten besteht durch zu rasche Umsetzung die Gefahr der Nährstoffauswaschung.

Am besten ist, den Frischmist nicht sofort auf den Beeten zu verteilen, sondern ihn erst im Garten zu lagern oder noch besser ihn mit Gartenerde schichtweise aufzusetzen, damit sich wertvoller verrotteter Mist bilden kann.

Stallmist enthält wertvolle Pflanzennährstoffe. Der Nährstoffgehalt ist abhängig von der Tierart und natürlich auch vom Alter. In Tauben- und Hühnermist sind wesentlich mehr Mineralstoffe enthalten als im Schweine- oder Rinderdung. Auch wenn die Nährstoffe des Mistes nicht völlig und nur allmählich den Pflanzen zur Verfügung stehen, so ist doch die übrige Düngung darauf abzustimmen.

Stallmist wird auch zum Packen der Frühbeete verwendet. Am besten dafür geeignet ist Pferdemist. Er dient vorwiegend als Wärmequelle, damit der Frühbeetkasten bereits zeitig im Frühjahr genutzt werden kann, wenn die Tage noch kalt und die Nächte recht frostig sind.

Kartoffeln, Gurken, Tomaten und alle Kohlarten vertragen und verwerten Stallmist am besten. Bei Zwiebeln, Karotten, Rettich und Petersilie

Oben links: Wir profitieren nicht nur von ihrer Milch, sondern auch von ihrem Dung.

Links: Rindermist sollte alle 2 Jahre im Boden eingearbeitet werden.

Unten: Der organische Dünger wird allmählich zu Humus zersetzt.

ist eine frische Stallmistdüngung zu vermeiden, da sonst an diesen Kulturen Befall mit Gemüsefliegen droht, die durch frischen Mist besonders angezogen werden. Außerdem reagieren Möhren empfindlich auf frischen Stallmist; sie werden beinig, d. h. sie bilden keine einheitliche Rübe.

Kompost

Oft steht dem Gärtner kein Stallmist zur Verfügung, so daß er gezwungen ist, auf andere Humuslieferanten zurückzugreifen. Kompost ist mittlerweile wichtigster organischer Dünger und der billigste zugleich. Er entsteht durch Sammeln aller Haushalts- und Küchenabfälle, die schichtweise aufgesetzt werden. Beim Verrotten dieser Abfälle bildet sich wertvolle, dunkle Komposterde.

Wie weit muß nun die Verrottung fortgeschritten sein, damit man den Kompost verwenden kann? Wir unterscheiden zwischen Frisch- und Reifkompost; Kompost muß nämlich nicht vollständig verrottet sein (Frischkompost), um ihn im Garten einsetzen zu können. Frischkompost sollte vor allem im Herbst in gut durchlüftete, leichtere Böden eingearbeitet werden. Denn hier kann der Abbau der organischen Substanz weiterlaufen, zu dem viel Sauerstoff gebraucht wird.

Je nach Jahreszeit dauert es 3–6 Monate, bis Frischkompost so weit gediehen ist, daß man ihn als Mulchschicht in Stauden- und Gemüsebeeten, unter Zier- und Beerenobststräuchern und Obstbäumen verteilen kann. Den Frischkompost auf diese Weise zu verwerten, ist das ganze Jahr über möglich.

Beim Reifkompost dauert der Rotteprozeß natürlich wesentlich länger. Je nach Ausgangsmaterial rechnet man 1–3 Jahre. Siebt man den Reifkompost ab, so gewinnt man eine feine Humuserde.

Von dieser Komposterde streut man eine etwa 2 cm dicke Schicht auf die Beete und vermischt sie oberflächlich mit dem Boden. Auch beim Pflanzen von Sträuchern, Stauden und Obstbäumen ist diese humose Erde zu verwenden, und mit Torf versetzt dient sie als Substrat für Anzuchten und Balkonpflanzen.

Links oben: Mit Stroh abgedeckter Komposthaufen.

Links unten: Haushalts-, Küchen- und Gartenabfälle werden beim Verrottungsprozeß in wertvolle Komposterde umgewandelt.

Gründüngung

Oberstes Gebot für jeden Hobbygärtner ist, brachliegende Beete niemals unbedeckt zu lassen. Denn nichts schadet dem Boden mehr, als wochenlang der Sonne, dem Regen und dem Wind ausgesetzt zu sein. Gründüngungspflanzen helfen, den Boden vor dem Austrocknen durch starke Sonneneinstrahlung, Kälte und Winde und vor Verschlämmen durch langanhaltenden schweren Regen zu schützen.

So baut man raschwachsende Pflanzen an, die viel Grünmasse produzieren. Frühe Saaten werden bei Blühbeginn, überwinternde Pflanzen im Frühjahr abgemäht und in den Boden eingearbeitet. Die nicht winterharten Pflanzen frieren bei später Saat sowieso ab. Gründüngungspflanzen reichern durch ihre Blätter, Wurzeln und Stengel den Boden mit organischer Substanz an, helfen, den Boden zu verbessern und erhöhen die Bodenfruchtbarkeit. Deshalb ist gerade bei neuanzulegenden oder -angelegten Gärten diese Art der Humuszufuhr besonders erfolgversprechend. Gründüngung belebt und aktiviert den verdichteten Boden.

Ist der Aufwuchs der Pflanzen sehr stark und ist viel Grünmasse entstanden, so ist es besser, die abgemähten Pflanzen zum Großteil zu kompostieren.

Gründüngungspflanzen beschatten den Boden, schaffen dadurch ein günstiges Bodenklima, der Boden bleibt feucht und Bodenflora wie -fauna zeigen höchste Aktivität. So wird im Boden eine besonders gute Schattengare gebildet. Mit dem Anbau besonders tiefwurzelnder Pflanzen wie Lupine, Luzerne, Sonnenblume, Steinklee und Ackerbohne lassen sich sogar leichte Bodenverdichtungen beseitigen. Denn Lupinen und Sonnenblumen zum Beispiel können 3 m und tiefer wurzeln.

Ein weiterer positiver Effekt der Gründüngungspflanzen ist, daß das Nitrat nicht ausgewaschen und das Grundwasser weniger belastet wird, da der Reststickstoff von den Gründüngungspflanzen verwertet wird. Durch die spätere Freisetzung aber kommt der Stickstoff den angebauten Kulturen zugute, genauso wie der, der durch die Leguminosen biologisch aus der Luft gewonnen wird.

Trotzdem sind Gründüngungspflanzen, damit sie zügig wachsen und viel Grünmasse produzieren, zu Kulturbeginn zusätzlich mit etwas Stickstoff zu düngen, quasi als Startdüngung. Welche Pflanzen für den Anbau in Frage kommen? Aus dem großen Pflanzenspektrum sind je nach Saattermin und Bodenart die passenden Arten auszuwählen. Sonnenblumen, Lupinen, Buchweizen, Roggen und Winterwicke gedeihen bevorzugt auf sandigen Böden, ansonsten gedeihen die üblichen Gründüngungspflanzen auf praktisch allen Standorten. Für späten Anbau eignen sich nur noch Wicken, Roggen und verschiedene Kreuzblütler. Bestens bewährt hat sich eine Mischung aus verschiedenen Pflanzen wie zum Beispiel das Landsberger Gemenge. Zu meiden sind im Gemüsegarten Kreuzblütler wie Senf und Rübsen, da sie ein erhebliches Risiko für den Anbau von Kohlgewächsen darstellen. Werden dauernd, also ohne Fruchtwechsel, Kohlarten angebaut, so besteht die Gefahr der Kohlhernie; dies ist eine gefährliche Pilzkrankheit, bei der alle Kohlgewächse Minderwuchs zeigen und die schwer zu bekämpfen ist.

Eine besondere Augenweide ist die hellblau blühende *Phacelia*, auch Büschelschön genannt, eine von vielen Insekten gern besuchte Gründüngungspflanze.

Auf praktisch allen Standorten kann der Wiesenklee als Gründüngungspflanze eingesetzt werden.

Gründüngungspflanzen

Pflanzenart	Saattermin	Saatgutbedarf (g/m^2)
einjährig, friert ab		
Phacelia	bis August	1–2
Felderbsen	bis Mitte August	18
Ölrettich	bis Ende August	3
Senf	bis Mitte September	2
Sonnenblumen	bis Ende Juli	5–6
Lupine	bis Anfang August	20
Ackerbohne (etwas frosthart)	bis Ende Juli	20
Sommerwicke	bis Ende Juli	18
mehrjährig, überwintert		
Winterwicke	bis Ende September	10
Winterroggen	bis Oktober	18
Landsberger Gemenge	bis Mitte September	8

Ernterückstände

Grundsätzlich können alle anfallenden Ernterückstände kompostiert werden, eignen sich aber ebenso gut zur Bodenbedeckung. Natürlich sieht es nicht so ordentlich aus, wenn das Kraut von Roten Beten, Möhren oder Erbsen auf dem Beet liegen bleibt. Aber wichtiger als Ordnung im Garten ist ein gesunder und fruchtbarer Boden. Besonders grobe und sperrige Pflanzen sollten vor dem Einarbeiten zerkleinert werden. Auf schweren Böden werden die Ernterückstände flacher eingearbeitet als auf leichten Böden. Aber alle mit Krankheiten befallenen Gartenabfälle, vor allem wenn es sich dabei um bodenbürtige Krankheitserreger handelt, sollten besser nicht untergegraben oder kompostiert werden.

Gerade im Gemüsegarten fallen das ganze Jahr über sehr viel Ernterückstände an, die für einen Ausgleich in der Humusbilanz sorgen. So hinterlassen Erbsen, Bohnen, Möhren, Sellerie, besonders aber Rosenkohl, Blumenkohl und später Weiß- und Rotkohl erhebliche Mengen an organischer Substanz auf dem Gemüsebeet.

Für einen Ausgleich in der Humusbilanz eignen sich die das ganze Jahr über anfallenden Ernterückstände.

Auf den Samen kommt es an

Kaum zu glauben, daß aus einem winzigen Samenkorn einmal eine staatliche Pflanze wachsen wird. Aber bereits im Erbgut des Samens sind alle charakteristischen Merkmale wie Größe, Aussehen, Fruchtfarbe, Aroma, Ertrag festgelegt. So besitzt bereits der Samen diese genetisch vorgegebenen Eigenschaften, die nur noch bis zu einem gewissen Grad von Klima und Boden und von den Pflegemaßnahmen des Gärtners zu beeinflussen sind.

Daher hängt das erfolgreiche Kultivieren z.T. vom jeweiligen Saatgut ab. Nur hochwertiges Saatgut verspricht Erfolg im Garten.

Zu den Qualitätskriterien des Saatgutes zählen Reinheit, Keimfähigkeit und Gesundheit. Durch das maschinelle Ernten des Samens ist das Saatgut anfänglich mit Steinchen, Unkrautsamen, Erdklümpchen verunreinigt. Es muß also in einem speziellen Verfahren gereinigt werden. Der Reinheitsgrad wird in Prozent ausgedrückt, der dem Gewichtsanteil des reinen Samens entspricht. Beim Gemüsesaatgut liegt die Reinheit mindestens bei 95 %. Ebenso wird die Mindestkeimfähigkeit in Prozent angegeben. Sie wird bei gesundem und gut ausgereiftem Saatgut fast immer erreicht. In der Regel finden die Samen im Gemüsegarten beim Aussäen keine idealen Bedingungen vor, was Bodenstruktur, Temperatur und Feuchtigkeit angeht. Daher gibt im Keimtest die Triebkraftprüfung Aufschluß darüber, wie schnell das Samenkorn im Beet auflaufen wird, d. h. wie vital es ist. Hohe Triebkraft ist immer gleichzusetzen mit hoher Keimfähigkeit. Normalerweise wird das Saatgut durch sogenannte Kalibrierung in gleichmäßig große Samenkörner sortiert. Dies ist im Erwerbsgartenbau wichtiger als im Hobbygarten, denn hier will man das Gemüse möglichst gleichzeitig ernten und gleichgroße Samen keimen nun einmal gleichmäßiger.

Das Tausendkorngewicht ist wichtig für die Saatgutverpackung und für die Berechnung der Aussaatstärke. Es ist abhängig von der jeweiligen Art, aber auch von Klimabedingungen während der Samenentwicklung. Wie sehr sich Samenkörner in ihrer Größe unterscheiden, zeigt das Tausendkorngewicht von Kapuzinerkresse mit 100 g und von Petunien mit 0,1 g, von Dicken Bohnen mit 1 200 g und von Knollensellerie mit 0,4 g.

Die genetische Saatgutqualität wird von der Sorte bestimmt. Sorten entstehen oder werden durch Züchtung geschaffen. Da die Entwicklung neu-

Oben: Es gibt wohl kaum einen Samen, den man nicht kaufen kann. Das Angebot ist riesig.

Rechts: Radieschen dürfen nicht zu eng gesät werden.

Ganz rechts: 95%ig ist die Reinheit des Gemüsesaatguts.

er Sorten sehr zeit- und kostenaufwendig ist, sind sie per Gesetz geschützt. Wer glaubt, eine neue Sorte gezüchtet zu haben, muß diese prüfen lassen. Nur wenn sie sich von anderen Sorten deutlich unterscheidet, wird sie als neue Sorte anerkannt und in die Sortenliste eingetragen. Dann erst darf sie verkauft werden. All das ist im Saatgutverkehrsgesetz geregelt; aber der Hobbygärtner will ja keine neue Sorte züchten, sondern durch Auswahl guter Sorten seine Vorstellungen im Garten verwirklichen.

Wichtig ist der Vermerk der Haltbarkeitsdauer auf jeder einzelnen Samentüte.

Unten rechts: Auf einem Saatband sind die Samen in günstigem Abstand auf dem Papier aufgeklebt.

So baut der Hobbygärtner beispielsweise Bohnen- und Erbsensorten an, die über längere Zeit fruchten und mehrmals abzuernten sind. Für die Konserven- und Tiefkühlindustrie wäre das auf keinen Fall rentabel. Oder denken wir nur an die Wachsbohnen mit ihrer ansprechenden Farbe und an die Zuckererbsen mit ihren eßbaren Hülsen, beides typische Sorten für den Hausgarten, deren Ernte im Erwerbsgartenbau viel zu aufwendig wäre. Als weiteres Beispiel sind die wohlschmeckenden, kleinfrüchtigen Tomatensorten zu nennen, deren längere Pflückzeiten im Hobbygarten keine Rolle spielen.

Damit man beim Saatgutkauf keine schlechte Erfahrungen macht, sind am besten Samenfachgeschäfte aufzusuchen. Hier wird man beraten und über Neuzüchtungen informiert. Wer sich lieber Saatgut schicken läßt, sollte zunächst die Kataloge anfordern und studieren. Denn noch immer sind Sorten auf dem Markt, die nicht ein-

Typisch ist die Form der Kürbissamen; hier Samen des Speise-Kürbis'.

mal im Kleingarten anbauwürdig sind, so z. B. Bohnen mit Fäden und Gurken, die bitter schmecken. Aber solange der Kleingärtner diese Sorten noch kauft, werden sie kaum aus den Regalen verschwinden. Denn dieses Saatgut ist besonders billig in der Vermehrung. Keimschutzpackungen bieten die beste Garantie, daß das Saatgut nicht durch falsche Lagerung an Keimfähigkeit verloren hat. Sie sind teurer und wenn die versiegelten Tütchen einmal geöffnet worden sind, geht der Keimschutz verloren, auch wenn die Packung anschließend wieder luftdicht verschlossen wird.

Saatgutformen

Samen sind je nach Gemüseart verschieden geformt und strukturiert. Durch Kalibrieren wird das Saatgut nach Größe sortiert und dann nach Gewicht verkauft. Zu kleine Samenkörner werden aussortiert, da ihre Keimfähigkeit geringer ist.

Beim Pillensaatgut wird der Samen mit einer schützenden Hüllmasse umgeben, so daß der Samen einheitliche Größe besitzt. Die Vorteile liegen auf der Hand, denn das mühsame Vereinzeln entfällt, weil auch kleine Samen auf Endabstand gelegt werden können und es wird weniger Saatgut gebraucht. Vor allem Feinsämereien wie die von Petersilie und Möhren können pilliert besser ausgesät werden.

Bei Freilandpillen besteht die Hüllmasse aus organischem, bei der Erd-

topfpille hingegen aus anorganischem Material. Gerade Erdtopfpillen, die auf das Anzuchtsubstrat gelegt und nicht mit Erde abgedeckt werden, keimen, wenn sie feucht werden, sehr rasch. Freilandpillen hingegen werden 1–2 cm tief gelegt und dürfen, wenn sie einmal naß geworden sind, bis zum Keimen nicht mehr austrocknen.

Nur bei guter Bodenfeuchte und ständigem Gießen halten die nicht ganz billigen Samenbänder, Saatplatten oder Samenteppiche das, was man sich von ihnen verspricht. Hier sind die Samen in günstigem Abstand auf Spezialpapieren, die sich leicht zersetzen, befestigt. Ein Saatband kann sogar verschiedene Gemüsekulturen oder auch Küchenkräuter enthalten. Man legt diese Bänder in die gezogenen Saatreihen, drückt sie an und deckt Erde darüber. Und natürlich darf es von jetzt ab an Wasser nicht mehr fehlen.

Für Gartenneulinge gibt es noch eine andere Möglichkeit für einfache Aussaat, nämlich die Verwendung sogenannter Quick-Sticks. Das sind Stecketiketten aus Karton, auf denen einige Samenkörner befestigt sind. Durch genaue Markierung weiß der Gartenliebhaber, wie tief sie zu stecken sind. Manchmal ist es sogar finanziell günstiger, sie zu kaufen, vor allem bei Kulturen wie Tomate und Paprika, bei denen nur wenige Pflanzen im Garten gebraucht werden.

Was bei den Roten Beten wie ein Samenkorn aussieht, ist in Wirklichkeit ein Knäuel von mehreren Samen. Durch technisches Aufbereiten entsteht aber Monogermsaatgut, so daß sich beim Auflaufen nur mehr ein Keimling bildet.

Quick-Sticks heißt die neue Errungenschaft der Sämereien.

Aufbewahren von Sämereien

In den Samentüten sind meist mehr Samen, als in einem Jahr im Garten gebraucht werden. Wenn die Samen ihre Keimfähigkeit behalten sollen, muß man sie richtig aufbewahren. Saatgut muß trocken und kühl, aber frostfrei aufgehoben werden. Empfehlenswert für die Aufbewahrung sind luftdicht verschließbare Gefäße, z. B. Schraubdeckelgläser, die mit etwas Silicium-Granulat gefüllt sind. So wird die Luftfeuchte herabgesetzt, und die Samen bleiben keimfähig. Da niedrige Temperaturen die Keimkraft besser erhalten, kann man Saatgut sehr gut im Kühlschrank aufbewahren, aber dann natürlich nur in wasserdampfdichten Gefäßen oder Plastik- und Aluminiumfolien. Doch haben sich auch die Hersteller bezüglich der Haltbarkeit einiges einfallenlassen. Denn die Alu-Folien-Vepackung gewährleistet einen viel besseren Schutz vor Feuchtigkeit als die normal üblichen Papiertütchen.

Aber natürlich hängt die Keimfähigkeit nicht nur von den Lagerbedingungen ab, sondern auch generell vom Alter des Saatgutes. Deshalb niemals vergessen, beim Kauf das Datum auf der Samenpackung zu notieren! Denn alte, jahrelang aufgehobene Samen sind wertlos. Wie lange das Saatgut seine Triebkraft und Keimfähigkeit beibehält, variiert von Art zu Art sehr stark. Bei Gurken, Kürbis und Melonen ist die Haltbarkeit besonders lange. Wenn sie trocken und kühl aufbewahrt werden, können diese Samen bis zu acht Jahren keimfähig bleiben. Demgegenüber ist das Saatgut von Fenchel, Dill, Petersilie, Zwiebeln und Schwarzwurzeln nur ganz kurz lagerfähig.

Ist man im Zweifel, ob die Sämereien aus den aufgehobenen Tütchen noch ausreichend keimfähig sind, kann man sich mit einer Keimprüfung helfen. Dabei sind einige Samen auf ein feuchtes Filter- oder Löschpapier oder in Sand zu legen und ständig feucht zu halten. Aber nicht die Geduld verlieren, wenn bei Möhren, Petersilie und Sellerie auch nach einer Woche von Keimlingen noch nichts zu sehen sind. Denn die Keimung dauert je nach Art unterschiedlich lange. Keimen mindestens 60 % der Samen, ist das Saatgut noch zu verwenden. Um kein Risiko einzugehen, wird einfach etwas dichter gesät.

Samen aus dem eigenen Garten zu verwenden, ist möglich, aber in vielen Fällen nicht ratsam. Schließlich gibt es jedes Jahr wertvolle Neuzüchtungen, die erhebliche Vorteile beim Anbau bringen. Und in den seltensten Fällen entspricht die Saatgutqualität der von gekauftem. In unserem Klima werden häufig Pflanzenkrankheiten infolge großer Feuchtigkeit während der Ausreife des Samens durch den Samen übertragen.

So sollte das zu bestellende Gartenland vor der Aussaat präpariert sein.

Saatgutbeizung

Nicht vergessen sollte man, ehe mit der Aussaat begonnen wird, das Beizen des Saatgutes. Viele Keimlingsinfektionen treten durch sogenannte bodenbürtige Pilzkrankheiten auf. Um größere Ausfälle beim Keimen zu vermeiden, sind vor allem Gemüsesämereien zu beizen, weil auch frischem Saatgut unsichtbare Sporen anhaften können. Beim Beizen werden die Samen und das Beizmittel zusammen in ein Schraubdeckelglas gegeben. Nach dem Verschließen wird das Glas kräftig geschüttelt, so lange bis sich die Körner mit einem Schutzfilm überzogen haben. Das übriggebliebene Beizmittel absieben und später wieder verwenden. Das Verfahren nennt man auch Trockenbeize.

Wie lange bleibt Saatgut mindestens keimfähig?

Saatgut	Jahre	Saatgut	Jahre	Saatgut	Jahre
Bohnen	3	Kohlarten		Paprika	3
Chicoree	4	Blumenkohl	4	Petersilie	2
Dicke Bohnen	3	Brokkoli	4	Radies	4
Dill	2	Chinakohl	4	Rettich	4
Endivie	4	Grünkohl	4	Rote Bete	4
Erbsen	3	Kohlrabi	4	Schnittlauch	1
Feldsalat	3	Kopfkohl	4	Schwarzwurzel	1
Gemüsefenchel	2	Rosenkohl	4	Sellerie	3
Gurke	4			Spinat	3
		Kopfsalat	3	Tomate	4
		Kürbis	5	Zuckermais	4
		Lauch	2	Zwiebel	2
		Mangold	4		
		Melone	5		

Freilandaussaat

Pflanzen wie Spinat, Möhren, Zuckerhut, Petersilie und auch viele Sommerblumen, die von der Aussaat bis zur Ernte oder bis dem Abblühen auf demselben Beet bleiben, ohne verpflanzt zu werden, sät man direkt ins Freiland.

Grundvoraussetzung für gutes Auflaufen ist, daß der Boden für die Aussaat entsprechend vorbereitet wird. Gut gelockerter Boden mit feinkrümeliger Struktur, und natürlich humusreich, fördert das Keimen des Saatgutes.

Gesät wird erst, wenn der Boden nicht mehr zu kalt und bereits etwas abgetrocknet ist. Die Saattiefe richtet sich nach der Samengröße und auch danach, ob der Boden eher feucht oder etwas trockener ist. Auf leichten Böden ist etwas tiefer zu säen, vor allem größere Samen sind tiefer zu legen; sonst besteht hier die Gefahr, daß die Samen bei zu flacher Saat austrocknen. Demgegenüber ist auf feuchterem Boden flacher zu säen, damit die Samen nicht infolge Sauerstoffmangels absterben, und auch weil sie zuviel Kraft brauchen, bis sie die Bodenkrume durchstoßen. Für die meisten Sämereien liegt die optimale Saattiefe zwischen 1–3 cm, größere Samen werden bis zu 5 cm tief in den Boden eingebracht.

Das Saatbeet muß immer ausreichend feucht sein, denn damit der trockene Samen keimen kann, muß er zunächst Wasser aufnehmen, d. h. er muß quellen. Der Samen keimt um so

Bei Verwendung von Samenbändern spart man sich das Vereinzeln.

schneller, je gleichmäßiger die Feuchtigkeit den Samen umgibt. Auch heute noch werden Erbsen- und Bohnensamen in Wasser gelegt, um sie vorzuquellen. Denn damit läßt sich das Auflaufen beschleunigen, aber nur, wenn der Boden nach dem Auslegen nicht mehr austrocknet.

Die Keimung ist natürlich auch abhängig von der Temperatur. Es gibt eine untere und eine obere Temperaturgrenze, innerhalb derer die Samen noch keimen. Diese ist von Art zu Art verschieden und hängt davon ab, ob die Pflanzen aus wärmeren oder kälteren Ursprungsgebieten stammen. So können Zwiebeln und Möhren bereits bei niedrigen Temperaturen (ca. 1–2° C) keimen, während Bohnen mindestens 10° C zum Keimen brauchen. Im allgemeinen aber liegen die zur optimalen Keimung erforderli-

Freilandpillen werden 1-2 cm tief in den Boden gelegt.

chen Temperaturen je nach Art zwischen 12 und 20° C. Wenn im Hochsommer Kopfsalat häufig schlecht keimt, so sind die Ursache dafür die zu hohen Bodentemperaturen von über 20° C. Im Frühjahr, wenn die Nächte noch zu kalt sind, erreicht man bessere Keimtemperaturen, wenn man die Saaten mit Folie oder

Vlies bedeckt. So werden weitaus bessere Auflaufergebnisse erzielt, und die Ernte wird verfrüht.

Breitsaat, Reihensaat, Horstsaat

Eine sehr alte Methode beim Säen ist die breitwürfige Saat, die heute fast ausschließlich im Landschaftsgartenbereich bei der Rasenanlage Verwendung findet. Im Gemüsebau ist Breitsaat nur zur Jungpflanzenanzucht, bei sehr früher Saat von Spinat und beim Aussäen von Radieschen üblich. Auch bei Einsaaten von Gründüngungspflanzen hat sich breitwürfiges Aussäen bewährt. Für Ungeübte ist das gleichmäßige Ausbringen des Saatgutes gar nicht so einfach. Meist kommen die Samen auch nicht gleich tief in den Boden, keimen daher schlechter oder die Pflanzen stehen zu dicht und behindern sich gegenseitig in ihrer Entwicklung. Schwierigkeiten bereiten zudem die laufenden Pflegearbeiten und die Unkrautbekämpfung.

Oben: Eine große Hilfe bei der Reihensaat ist der Reihenzieher.

Rechts: Mit dem Saatroller ist eine gleichmäßige Aussaat gesichert.

Daher ist die Aussaat in Reihen der Breitsaat immer vorzuziehen. Durch das bessere Auflaufen wird weniger Saatgut benötigt. Auch spart man Geld und Zeit durch die weniger aufwendige Pflege. Mit einer Hacke oder dem Stielende eines Rechens zieht man 2–3 cm tiefe Rillen in den Boden; damit die Rillen gerade verlaufen, spannt man sich am besten eine Schnur über das Beet. Ein Rillenzieher, den es im Gartencenter zu kaufen gibt, erleichtert das Markieren und Ziehen der Rillen. Die Samen werden dann nicht zu dicht in die Rillen gesät, die von Radies, Bohnen und Erbsen sollte man lieber einzeln ablegen. Laufen später mehr Pflanzen auf, müssen sie unbedingt vereinzelt werden; denn jede Pflanze braucht einen genügend großen Standraum, damit sie sich richtig entwickeln kann.

Nach dem Aussäen wird entweder die Saatrille mit dem Rechenrücken zugezogen oder man streut feine Humuserde darüber. Dann wird der Boden leicht angedrückt, damit der Samen Kontakt mit der feuchten Erde bekommt und quellen und keimen kann.

Bei Gemüsen, die sehr lange brauchen, bis die Keimlinge erscheinen, ist es ratsam, Radieschensamen unterzumischen. So kann man frühzeitig mit der Pflege beginnen, weil die schnellkeimenden Radieschen den Verlauf der Reihe markieren.

Wenn es nicht gerade nach Regen aussieht, werden die frischen Saaten sofort bewässert, am besten mit der Gießkanne oder mit einem Schlauch mit feiner Brause. Bei zu starkem Wasserstrahl besteht die Gefahr, daß der Boden verschlämmt und die Samen ausgeschwemmt werden.

Ganz oben: Die Reihenaussaat wird aus verschiedenen Gründen der Breitsaat vorgezogen.

Oben: Große Samenkörner werden in einer Horstsaat zusammengelegt.

Große Samenkörner von Busch-, Stangen-, Prunkbohnen und der Dicken Bohne werden meist nicht einzeln, sondern mehrere Samen gemeinsam in eine Saatstelle abgelegt. Eine solche Horstsaat ist nur im Hausgarten üblich.

Die Vorteile von Pillensaatgut, Samenbändern, Saatplatten u. a. bei der Pflanzenanzucht sind bereits bei der Behandlung der Saatgutformen erwähnt worden.

Plantagenartiger Anbau von Kopfsalat.

Jungpflanzenanzucht

Die Gartensaison ist bei uns verhältnismäßig kurz. Daher müssen viele Pflanzen, wenn es draußen noch kalt und frostig ist, vorkultiviert werden. So wird die Ernte verfrüht, das Kulturrisiko ist geringer, und meist sind auch bessere Qualitäten zu erwarten. Vorkultiviert werden können die frühen Anzuchten im Frühbeetkasten, im Gewächshaus oder in speziellen, heizbaren Anzuchtkästen – und natürlich auch auf der Fensterbank. Will man Gemüsearten, die an sich auch niedrigere Temperaturen vertragen, bereits früher als üblich in klimatisch ungünstigen Gebieten aussäen, so kann man der Natur ein Schnippchen schlagen, indem man die Saaten mit Folie oder Vlies abdeckt. Unter der Folie kühlt der Boden nämlich nachts nicht so stark aus, weil die Folie die tagsüber gespeicherte Wärme im Boden besser hält. Wenn auch im Frühjahr die Temperaturen dank der wärmenden Sonnenstrahlen tagsüber bereits hohe Werte erreichen, so würde doch eine einzige Frostnacht alle Bemühungen zunichte machen. Deshalb ist bei den wärmeliebenden Kulturen wie Tomate, Gurke und Paprika eine frühe Anzucht nur möglich, wenn das Gewächshaus oder der Frühbeetkasten heizbar sind, damit ständig die zur optimalen Keimung und für die Weiterkultur erforderlichen Temperaturen herrschen.

Aussaaterde, Anzuchtgefäße

Damit keine Krankheiten die keimenden Samen schädigen, müssen Aussaaterden frei von pilzlichen und bakteriellen Krankheitserregern sein. Ebenso soll die Erde unkrautfrei sein, damit sich die Jungpflanzen wunschgemäß entwickeln können. Die im Handel speziell für die Anzucht angebotenen Substrate, die meist aus Torf hergestellt werden, besitzen optimale Struktureigenschaften und den richtigen pH-Wert. Außerdem sind diese Erden desinfiziert und enthalten genau die für die Pflanzenanzucht notwendigen Pflanzennährstoffe.

Will man sich die Anzuchterde selbst herstellen, so kann man reife Komposterde mit Sand und Torf vermischen. Natürlich sollte die Erde sterilisiert werden. Beim Mischen der Erde muß ausreichend gegossen werden, denn Torf kann sehr viel Wasser aufnehmen. Nicht zu verwenden ist als Anzuchtsubstrat Blumen- oder Balkonkastenerde, denn sie enthält zuviele Nährstoffe, die die Keimlinge nicht vertragen würden. Zu hohe Nährstoffkonzentrationen sind auch bei selbstgemischten Substraten meist die Ursache für eine nicht erfolgreiche Keimung.

Zur Aussaat ist jedes beliebige Gefäß zu verwenden. Ob Tontöpfe, Plastiktöpfe, Quark- oder Joghurtbe-

Oben: Unter einem Folientunnel kühlt der Boden nachts nur wenig aus.

Oben Mitte: Jungpflanzenanzucht im Frühbeetkasten.

Reife Komposterde, Sand und Torf sind eine gute Mischung für die Anzuchterde.

Oben: Für die Aussaat können Sie beliebige Gefäße verwenden; hier einfache Tontöpfe.

Oben rechts: Damit Sie die Übersicht nicht verlieren, sollten sie Pflanzenschilder verwenden.

Rechts: Speziell für die Anzucht werden im Handel diese Jiffy-Pots angeboten.

cher, Eierkartons oder die im Fachgeschäft speziell für die Anzucht angebotenen Gefäße wie z. B. Jiffy- oder Fertilpots, Multitopfplatten – alle sind als Saatgefäße geeignet. Wichtig ist nur, daß das überschüssige Wasser nicht darin stehen bleibt, sondern abziehen kann. In flachen Gefäßen braucht man weniger Erde, dafür muß früher umgetopft werden.

Wie am besten gesät wird? Zunächst füllt man die Gefäße mit Erde, die mit einem Brettchen leicht angedrückt wird, ehe die Samen sehr fein darauf gestreut werden. Mit etwas Fingerspitzengefühl und entsprechender Übung gelingt das gleichmäßige Verteilen der Samen. Wenn nicht, läßt sich das eine oder andere Samenkorn mit einer Pinzette am richtigen Ort plazieren. Die Samen werden dann leicht angedrückt, mit Erde übersiebt und mit feinem Wasserstrahl überbraust. Günstig wirkt sich auf das Keimen aus, wenn man über die Saat eine Plastikfolie oder Glasplatte legt. Dann muß bis zum Auflaufen nicht mehr gegossen werden, weil die Erde nicht austrocknen kann. Zeigen sich aber die ersten Keimlinge, sollte die aufliegende Folie oder Scheibe entfernt werden, denn die darin herrschende hohe Luftfeuchte würde den Sämling sonst verfaulen lassen.

Aufgestellt werden die Saatschalen an einem warmen Ort. Manche Pflanzenarten brauchen Licht zum Keimen. Kopfsalat, Endivie und Sellerie dürfen nur dünn mit Erde bedeckt sein; sie keimen besser, wenn genügend Licht vorhanden ist. Wichtig beim Aussäen ist auch, jedes Saatgefäß sorgfältig zu beschriften. Am besten verwendet man dazu Holz- oder Plastiketiketten, auf die mit wasserunlöslichem Stift die Art, Sorte und das Datum der Aussaat vermerkt sind.

Ganz oben: Zu dicht stehende Pflanzen müssen pikiert werden.

Oben: Diese vorgefertigten Pikierhilfen werden in Sämereien und Gartencentern angeboten.

Pikieren

Sobald die Sämlinge groß und kräftig genug sind, um sie fassen zu können, werden sie pikiert, d. h. vereinzelt. Sie bekommen einen eigenen Topf oder werden in größeren Schalen mit weiterem Abstand von Pflanze zu Pflanze pikiert. Man verwendet nur kräftige Pflänzchen die schwachen, kranken und verkrümmten werden aussortiert. Behutsames und vorsichtiges Umgehen mit den empfindlichen Sämlingen ist notwendig, damit die feinen Wurzeln nicht abreißen. Am besten werden die Pflänzchen mit dem Finger oder einem Pikierholz seitlich leicht angehoben, ohne daß der kleine Wurzelballen auseinander-

Unten: Vorsichtiger Umgang mit den jungen Pflanzen beim Pikieren ist notwendig.

In Töpfe vereinzelte Jungpflanzen für die spätere Freilandkultur.

fällt. Wird die Hauptwurzel leicht eingekürzt, so bildet sich später ein besserer Wurzelballen aus.

Meist verwendet man zum Pikieren das gleiche Substrat wie zur Aussaat. Denn noch immer vertragen die winzigen Pflänzchen keine größeren Nährstoffmengen. Damit die Pflanzen nicht dünn und langgezogen werden, benötigen sie jetzt einen sehr hellen Platz.

Besonders wertvolle Pflanzen, die eine lange Vorkultur brauchen bis sie gepflanzt werden können, z.B. Tomaten, Paprika, Auberginen, werden nicht in Schalen pikiert sondern sofort getopft. Meist wird dann noch einmal umgetopft, ehe sie in den Endtopf kommen. Dadurch können die Pflanzen einen kräftigen Wurzelballen entwickeln, und beim Aussetzen ins Beet ist für sie der Pflanzschock geringer. Alle Pflanzen werden durch das Pikieren kräftiger, vor allem wenn Temperatur, Luftfeuchte und Wasserversorgung stimmen.

Zum Abhärten der Setzlinge müssen die Temperaturen gesenkt werden.

Abhärten und Pflanzen

Ohne die empfindlichen Pflanzen abzuhärten, bestünde die Gefahr, daß sie vertrocknen würden. Das Abhärten beginnt damit, daß die Temperaturen abgesenkt oder die pikierten Pflänzchen von der Fensterbank in den Frühbeetkasten oder das Gewächshaus gestellt werden. Dort wird nun öfter und stärker gelüftet, damit sich die Pflanzen an die stärkere Verdunstung im Freien gewöhnen können und die Einstrahlung von Licht und Sonne besser vertragen.

In der Regel wird in unseren Klimaregionen mit der Freilandpflanzung ab Mitte Mai, also nach den Eisheiligen begonnen. Weniger frostempfindliche Salatsorten können natürlich entsprechend früher gepflanzt werden, das gleiche gilt für Frühkohlarten, Blumenkohl, Kohlrabi und Brokkoli.

Am besten lassen sich nicht zu große Setzlinge verpflanzen, da bei ihnen der Pflanzschock wesentlich geringer ist. Deshalb ist unbedingt darauf zu achten, daß die Pflanzen nicht zu groß wachsen, falls sich durch ungünstige Witterung das Auspflanzen verzögert. Pflanzen kühl stellen, wenig gießen und nicht düngen.

Das Pflanzbeet muß sorgfältig vorbereitet werden, d. h. der Boden muß gut gelockert, feinkrümelig und feucht sein. Werden die Jungpflanzen noch einmal kräftig gegossen, so lassen sie sich leichter verpflanzen. Mit dem Pflanzholz oder dem Pflanzspaten werden die Jungpflanzen in die Erde gesetzt. Am wenigsten leiden sie, wenn an trüben Tagen oder bei heißem Wetter erst am Nachmittag ausgepflanzt wird. Sobald sie aus den Pikierschalen herausgenommen sind, sollten die Pflanzen gepflanzt werden und zwar so tief, wie sie im Anzuchtbeet gestanden haben. Lieber etwas zu hoch als zu tief setzen! Alle Kohlarten mit Ausnahme von Kohlrabi, aber auch Tomaten, müssen allerdings tiefer gepflanzt werden, während bei Kopfsalat der Wurzelhals noch über dem Boden sichtbar sein sollte. Wird Sellerie zu flach gesetzt, bildet er zu viele Seitenwurzeln.

Sind alle Wurzeln im Boden, wird die Erde seitlich an die Pflanze gedrückt, um den nötigen Bodenschluß herzustellen. Dann muß jede Pflanze gut angegossen werden, um sie fest in den Boden einzuschlämmen. So fördert man das Anwachsen, und die Setzlinge werden sich sehr bald wieder erholen.

Das Einkürzen von Blättern oder das Schneiden von Wurzeln vor dem Einpflanzen wird des öfteren empfohlen. Es ist aber meist unnötig, wenn nicht sogar falsch, und sollte daher besser unterbleiben.

Junge Kohlpflanzen werden in das Freilandbeet so tief gesetzt, wie sie im Anzuchtbeet standen.

Standraum

Es ist nicht immer leicht, den richtigen Pflanzabstand einzuhalten; aber damit sich die Pflanzen gut entwickeln können, brauchen sie genügend Platz. Meist sind die Bestände im Hausgarten zu eng gepflanzt. So breiten sich leicht Pilzkrankheiten aus, weil die Pflanzen nicht schnell genug abtrocknen und die Blätter aufgrund von Lichtmangel vergilben. Zwiebeln wachsen mehr oval als rund, Kopfsalat und Kohlköpfe bleiben klein, wenn zu viele Pflanzen auf der Fläche stehen. Das alles gilt es, durch die Wahl des richtigen Abstands in und zwischen den Reihen zu verhindern.

Oben: Bei anspruchsvollen Pflanzen lohnt es sich, Jungpflanzen beim Gärtner zu kaufen.

Ob die Pflanzen im Verband oder im Quadrat gepflanzt werden, spielt keine Rolle, entscheidend ist die Anzahl von Pflanzen pro Quadratmeter. Auch bei zu dichter Saat müssen die Pflanzen unbedingt auf den richtigen Abstand vereinzelt werden. Denn je günstiger der Pflanzenabstand, desto besser die Erträge und die Qualität.

Jungpflanzen kaufen – eine mögliche Alternative?

Bei vielen Pflanzen mit langer Anzuchtdauer und besonders hohen Wärmeansprüchen lohnt es nicht, sie selbst heranzuziehen. Abgesehen davon, daß nicht bei jedem Gartenbesitzer die Möglichkeit zur warmen Anzucht gegeben ist, muß auch genügend Platz zur Verfügung stehen, um die vielen Saatgefäße aufstellen zu können. Auch wollen die vielen Jungpflanzen ständig versorgt und pikiert werden. Und wer gießt sie, wenn man einmal ein paar Tage verreist?

Wer Jungpflanzen beim Gärtner kauft, steht sich manchmal besser als bei eigener Anzucht. Aber nur kräftige, gut entwickelte Pflanzen mit festem Wurzelballen wachsen gut an. Bis zum Auspflanzen sollte man sie kurz überbrausen und in den Schatten stellen. Pflanzen in Töpfen sind zwar teurer, haben aber die besseren Startbedingungen durch den festeren Wurzelballen.

Hat man die termingerechte Aussaat verpaßt, so bleibt einem sowieso nichts anderes übrig, als beim Gärtner Pflanzen zu kaufen. Nur bei richtiger Anbauplanung kann sich der Gartenbesitzer fast das ganze Jahr über mit frischem Gemüse aus selbstgezogenen Pflanzen versorgen. Aber man muß sich rechtzeitig überlegen, wann, wieviel und welche Art zu säen oder zu pflanzen ist!

Mischkultur

Bei der Mischkultur werden verschiedene Gemüsearten auf demselben Beet unmittelbar nebeneinander angebaut. Man ahmt nach, was die Natur uns zeigt, daß nämlich Pflanzen am besten in bestimmten Gemeinschaften wachsen. Traditionell wurde in Bauerngärten der Anbau in Mischkultur schon immer gepflegt, und die Bäuerin wußte genau, welche Gemüsearten miteinander kombiniert werden können. Und meist war der Bauerngarten kein reiner Nutzgarten, sondern eine Mischung aus Gemüsen und Blumen.

So wie in der Natur gibt es auch im Gemüsegarten unter den Pflanzen gute und schlechte Nachbarschaften. Manche Gemüsearten fördern sich gegenseitig im Wachstum, vertragen sich oder stoßen einander ab. So mögen sich Erbsen und Tomaten, Erbsen und Buschbohnen, Lauch und Stangenbohnen, Kartoffeln und Tomaten nicht. Günstig ist dagegen die Nachbarschaft von Sellerie und Tomaten, Zwiebeln und Erdbeeren oder die von Rote Beten und Gurken. Aber nicht nur im Wachstum beeinflussen sich die Pflanzen positiv, sie wehren auch eine die Schädlinge von anderen ab. Dafür verantwortlich sind bestimmte Wurzelausscheidungen sowie Duftstoffe von Blättern und Blüten. Auch wenn bisher nur in wenigen Einzelfällen die positive Wirkung bestimmter Pflanzenkombinationen auf Krankheits- und Schädlingsbefall wissenschaftlich nachgewiesen werden konnte, stützen sich die empfohlenen Kombinationsbeispiele auf langjährige Beobachtungen. Unbestritten ist, daß Nematoden durch den Anbau von Feindpflanzen wie Roggen und Luzerne oder durch die Wurzelausscheidungen der Tagetes bekämpft und sogar abgetötet werden. Tomaten sollen Kohlweißlinge fernhalten, Möhren und Zwiebeln schützen sich wechselseitig vor Zwie-

Bei Mischkultur muß man gute und schlechte Nachbarschaften kennen.

Unten: Verschiedene Gemüsearten vertragen sich oder stoßen einander ab.

bel- und Möhrenfliege, und Salat mit Kohlarten kombiniert bewahrt vor Erdflohbefall.

Ein weiterer Vorteil ist, daß die unterschiedlich langlebigen Kulturen den Boden während der ganzen Wachstumsperiode beschatten. Das fördert die Schattengare, der Boden bleibt feucht und locker, es wachsen kaum noch Unkräuter. Der Boden muß weniger oft bearbeitet, weniger gegossen werden. Die Nährstoffe im Boden werden besser ausgenutzt, indem Tiefwurzler neben Flachwurzlern, Schwachzehrer neben Starkzehrern, niedrige neben hochwachsenden Pflanzen angebaut werden. Durch die unterschiedlichen Nährstoffbedürfnisse und eine Reihe anderer Wechselwirkungen bleibt der Boden bei entsprechender Bodenpflege und Düngung optimal mit allem versorgt, was die einzelnen Pflanzen benötigen.

Anbau in Mischkultur allein ist aber noch keine Garantie für erfolgreiches Gärtnern. Entscheidend ist neben Bodenvorbereitung und -pflege sowie ausreichender Düngung, daß die Pflanzen nicht zu dicht beieinanderstehen; bei Platzmangel erreichen die Gemüsepflanzen nie ihre typische Größe.

Günstige Pflanzenkombinationen:

Buschbohnen mit Kartoffeln, Sellerie, Tomaten
Möhren mit Zwiebeln, Porree, Mangold, Kopfsalat
Spinat mit Salat, Rosenkohl
Winterrettich mit Kopfsalat
Tomaten mit Petersilie, Roten Beten
Schwarzwurzeln mit Kohlrabi, Porree
Chinakohl mit Feldsalat
Erdbeeren mit Knoblauch
Gurken mit Steckzwiebeln, Zuckermais
Salat mit Radieschen, Rettich

Ungünstige Pflanzenkombinationen:

Erbsen mit Bohnen, Kartoffeln, Tomaten
Gurken mit Erdbeeren, Radies
Bohnen mit Porree, Fenchel, Zwiebeln
Kohl mit Kartoffeln, Zwiebeln
Rote Bete mit Mangold, Spinat, Kartoffeln
Tomaten mit Fenchel, Kartoffeln

Oben: Bohnen und Möhren sind eine gute Kombination im Gemüsebeet.

Links: Tagetes bekämpfen als „Feindpflanzen“ im Gemüsebeet den Befall mit Würmern.

Fruchtfolge

Es ist unsinnig, Jahr für Jahr gleiches Gemüse oder verwandte Gemüsearten auf dasselbe Beet zu pflanzen. Wenn kein planmäßiger Fruchtwechsel stattfindet, reichern sich Krankheiten und Schädlinge im Boden an, der Boden wird müde. Er ist auch deswegen weniger fruchtbar, weil die Pflanzen immer gleich tief den Boden durchwurzeln, den entsprechenden Schichten einseitig die Nährstoffe entziehen und sich wuchshemmende Stoffe ausbreiten.

Rettichschwärze, Kohlhernie, Fuß- und Welkekrankheiten an Tomaten, Salatfäule – um nur einige zu nennen – sind typische Krankheiten bei fehlendem Fruchtwechsel. Sicherlich gibt es auch einige Beispiele dafür, daß Gemüse jahrelang ohne Schaden an gleicher Stelle gezogen wurde. Es sind aber nur wenige Arten mit sich selbst verträglich. Das gilt für die Dicke Bohne, den Zuckermais, auch noch für Feldsalat und Porree.

Für die Anwendung im Hausgarten gibt es langjährig erprobte *Fruchtfolgepläne.* Als Faustregel gilt, daß Gemüse mit langer Kulturdauer erst nach dem dritten Jahr wieder auf der gleichen Fläche angebaut werden soll. Bei Möhren, Petersilie, Erbsen und nahe verwandten Arten ist besser noch eine längere Anbaupause einzuhalten. Ein zweijähriger Wechsel ist bei Kulturen, die nur für sehr kurze Zeit auf dem Beet wachsen, mit Einschränkungen möglich. Beim Wechsel der Pflanzen gibt es aber noch andere Kriterien, denn über geeignete Fruchtfolgesysteme haben sich schon viele Leute Gedanken gemacht.

Links: Stielmangold gehört als mittelstarker Zehrer in die zweite Tracht der Anbaufolge.

Seite 43: Radieschen gehören zu den Schwachzehrern und sollten als drittes Glied in der Fruchtfolge stehen.

Eine wirksame Fruchtfolge ist der Wechsel von stark-, mittelstark- und schwachzehrenden Pflanzen. Unmittelbar nach einer Stallmistgabe werden starkzehrende Gemüsearten angebaut: Weißkohl, Rotkohl, Rosenkohl, Grünkohl, Gurken, Kartoffeln, Stangenbohnen etc.

Dann folgen in 2. Tracht, also im 2. Jahr nach der Stallmistdüngung die mittelstarkzehrenden Pflanzen wie Zwiebeln, Rote Bete, Möhren u. a. und im nächsten Jahr folgen die Schwachzehrer wie Buschbohnen und Erbsen.

Fruchtfolge

Starkzehrer	Mittelstarkzehrer	Schwachzehrer
Aubergine, Blumenkohl, Chinakohl, Grünkohl, Gurke, Kohlrabi, Kopfkohl, Kürbis, Mais, Paprika, Rhabarber, Rosenkohl, Sellerie, Stangenbohnen, Tomaten, Zucchini	Buschbohnen, Broccoli, Fenchel, Kopfsalat, Lauch, Mangold, Möhren, Pastinake, Petersilie, Radicchio, Rettich, Rote Rüben, Schwarzwurzel, Spinat, Zuckerhut, Zwiebel	Chicoree, Erbsen, Feldsalat, Radies

Eine andere Möglichkeit für eine sinnvolle Fruchtfolge ist der Wechsel der Pflanzenfamilie, damit verwandte Arten nicht direkt aufeinanderfolgen.

Auberginen gedeihen bei uns nur an geschützten Plätzen.

Familienzugehörigkeit der Kulturpflanzen

Baldriangewächse *(Valerianaceae)*	Feldsalat
Doldengewächse *(Apiaceae / Umbelliferae)*	Fenchel, Möhre, Petersilie, alle Varietäten des Selleries, Dill, Kerbel
Gänsefußgewächse *(Chenopodiaceae)*	Mangold, Rote Rübe, Spinat
Gräser *(Gramineae)*	Zuckermais
Knöterichgewächse *(Polygonaceae)*	Rhabarber
Korbblütler *(Asteraceae / Compositae)*	Artischocke, Chicoree, Endivie, Gartensalate, Radicchio, Schwarzwurzel, Zuckerhut
Kreuzblütler *(Brassicaceae / Cruciferae)*	Blumenkohl, Brokkoli, Chinakohl, Grünkohl, Kohlrabi, Kopfkohl, Radies, Rettich, Rosenkohl, Speiserübe
Kürbisgewächse *(Cucurbitaceae)*	Gurke, Kürbis, Melone, Zucchini
Liliengewächse *(Liliaceae)*	Knoblauch, Lauch, Schnittlauch, Spargel, Zwiebel
Nachtschattengewächse *(Solanaceae)*	Aubergine, Paprika, Tomate
Schmetterlingsblütler *(Fabaceae / Papilionaceae)*	Erbse, Dicke Bohne, Busch- und Stangenbohne, Feuerbohne

Ganz links: Der Korbblütler Chicoree ist für die Treiberei besonders gut geeignet.

Links: Die nahrhaften Erbsen gehören zur Familie der Schmetterlingsblütler.

Seite 45: Tomaten gehören in die Hauptkultur im Gemüseanbau.

In vielen Fällen sind Krankheiten und Schädlinge auf Pflanzen einer Familie spezialisiert, und wenn die Wirtspflanze fehlt, können sich die Krankheitserreger nicht weiter ausbreiten oder vermehren. So ist der Anbau der Arten nacheinander eine vorbeugende Maßnahme zur Bekämpfung von tierischen und pilzlichen Krankheiten.

Während die einjährigen Sommerblumen bis zum Ende der Wachstumsperiode auf dem Beet verbleiben, werden im Gemüsegarten während eines Jahres mehrere Kulturen nacheinander angebaut. Der Gärtner spricht in diesem Zusammenhang von Kulturfolgen. Zu unterscheiden ist zwischen Vorkultur, Haupt- und Nachkultur. Manche Kulturen, zum Beispiel Chicoree, Schwarzwurzeln und Wurzelpetersilie, beanspruchen während der gesamten Kulturzeit das Beet. Vor- und Nachkulturen haben sich der Hauptkultur mit langer Wachstumszeit immer unterzuordnen. Und als mögliche Nachkultur können ebensogut Gründüngungspflanzen eingesät werden. Auch hier gilt, daß keine verwandte Gemüseart der Hauptkultur vorgehen oder nachfolgen soll, vor allem wenn es sich um Kohl- und Zwiebelgewächse oder auch um Doldenblütler handelt.

Kulturfolgen im Gemüseanbau

	mögliche Vorkultur	Hauptkultur	mögliche Nachkultur
mit organischer Düngung	Frühkohlrabi	Sellerie	–
	–	Erdbeeren	Endivie
	Radies/Rettich	Tomaten	–
	Salat unter Folie	Blumenkohl	–
	Frühwirsing	Knollenfenchel	Gründüngung
	Dicke Bohne	Endivie	–
ohne organische Düngung	–	Zwiebeln	Winterspinat
	–	Erbsen	Zuckerhut
	–	Erbsen	Erdbeeren
	–	Stangenbohnen	–
	–	Möhren	Chinakohl
	Salat unter Folie	Spinat	Chinakohl

WIEDERKEHRENDE ARBEITEN IM GARTENJAHR

Natürlich ist es mit Säen und Pflanzen nicht getan – der Nutzgarten verlangt das ganze Jahr über pflegende Fürsorge. Das beginnt im Vorfrühling mit ersten Aufräumungsarbeiten, steigert sich im Frühjahr und Sommer und findet seinen Höhepunkt im Herbst. Und auch im Winter kann man den Garten nicht ganz sich selbst überlassen. Winterschutz für Gehölze und Beete ist angesagt, Schutz vor Wind- und Schneebruch, vor Kahlfrösten und Wolkenbrüchen. Auch an die vielen Nützlinge ist zu denken, die den Garten vor Schädlingen bewahren und ihn lebendig machen; Futterstellen für die Vögel wollen eingerichtet und versorgt werden. Laub- und Reisighaufen sollen Igeln und anderem Getier Unterschlupf bieten.

Und wenn man einmal an langen Winterabenden viel freie Zeit hat, stöbert man in Katalogen und Büchern und plant schon das neue Gartenjahr.

Methoden der Bodenbearbeitung

Gute Bodenpflege während der gesamten Vegetationsperiode ist die Voraussetzung für den Erfolg im Garten. Es gibt eine Menge wichtiger Bodenarbeiten, die immer wiederkehren und die genau zum richtigen Zeitpunkt durchgeführt werden müssen. So beginnt man im Herbst bald nach der Ernte mit dem grobscholligen Umgraben der Beete. Die Erdschollen bleiben liegen, damit der Frost sie mürbe macht. So erhält man im Frühjahr durch Frostgare einen krümeligen Boden. Für das Umgraben braucht man einen Spaten mit D- oder T-Griff; das Spatenblatt muß rechteckig und gut geschliffen sein. Auf sehr schweren und steinigen oder stark verunkrauteten Böden erleichtert die Grabgabel das Umgraben. Von ihr werden Wurzeln von Quecken, Ackerwinden und Disteln nicht durchtrennt und können leichter entfernt werden.

Heute hört man vielfach die Ansicht, daß das Umgraben eigentlich unnatürlich und daher überflüssig, wenn nicht sogar schädlich sei. Tatsächlich wird die lebendige oberste Schicht durch das tiefe Untergraben zerstört. Das trifft allerdings vorwiegend für humose, sandige Böden zu; bei schweren Böden und bei der Neuanlage eines Gartens aber kommt man nicht umhin, Grabarbeiten durchzuführen. Hier wird spatentief umgegraben, auf alle Fälle noch vor Eintritt des Frostes, am besten im

Rechts: Im Herbst beginnt die harte Arbeit des Umgrabens mit dem Spaten.

Seite 46: Ein fröhliches Nebeneinander von Nutz- und Zierpflanzen in einem Gartenteil.

Oktober bis Anfang November. Zur Bodenlockerung können alle Ernterückstände (mit Ausnahme der schwer verrottbaren Kohlstrünke), Gründüngungspflanzen und Stallmist, – außer wenn dort im nächsten Jahr Möhren, Zwiebeln und Erbsen stehen sollen – untergegraben werden.

Der im Herbst umgegrabene Boden wird im Frühjahr nur oberflächlich gelockert und eingeebnet, um die Beete für die Aussaat und Pflanzung vorzubereiten. Bei zu tiefer Bodenbearbeitung würde die im Winter durch Frost, Sonne, Trockenheit und Regen gebildete Frostgare verlorengehen. Die flache Bodenbearbeitung im Frühjahr bringt noch weiteren Nutzen; das in tiefere Bodenschichten vorgedrungene Wasser der winterlichen Niederschläge bleibt dadurch erhalten. Diese Winterfeuchte kommt den frühen Saaten besonders zugute. Außerdem werden die im Boden liegenden Unkrautsamen bereits in einem sehr frühen Stadium bei der Keimung gestört.

Wie jahrelange Erfahrungen zeigen, ist das Vorbereiten der Gartenbeete für die Aussaat oder Pflanzung meist erst gegen Ende März möglich. Wenn zu Beginn des Frühjahrs der Boden frostfrei und so weit abgetrocknet ist, daß er nicht mehr schmiert, also ohne Probleme betreten werden kann, dann sollte man mit der Gartenarbeit anfangen. Doch wartet man lieber einige Tage, als daß man die wertvolle Frostgare zerstört! Gerade bei schweren Böden ist es oft nicht leicht, genau zum richtigen Zeitpunkt mit der Bodenbearbeitung zu beginnen. Hat man diesen verpaßt, so lassen sich die steinharten Klumpen kaum noch zerkleinern.

Ist der Boden im Herbst nicht umgegraben worden, weil er ohnedies locker und humos ist, so wird der Boden auch im Frühjahr nur flach durchgearbeitet. Dazu verwendet man die Grabgabel, die an vielen Stellen in den Boden gestochen und dabei hin- und her bewegt wird. Ebensogut eignen sich Kultivator und Krail für diese oberflächliche Bearbeitung. So wird das Bodenleben geschont und die Bodenfruchtbarkeit erhöht.

Von Frühjahr bis Herbst, sobald die Beete bestellt sind, muß der Boden regelmäßig gehackt werden. Man sollte sich allerdings darauf beschränken, die Bodenoberfläche aufzurauhen. Die flache Lockerung trägt dazu bei, daß das Bodenwasser nicht aufsteigen und verdunsten kann. Nur in nicht gelockertem Boden ziehen sich die feinen Röhrchen (Kapillare) durchgehend von unten nach oben, und das Wasser kann dann ungehindert aufsteigen und verdunsten. An sehr sonnigen Tagen verdunstet viel Wasser, ohne daß es die Pflanzen nutzen. Durch flaches Hacken des Bodens mit Grubber und Kultivator wird die Verdunstung unterbrochen und die Feuchtigkeit bleibt den darin wurzelnden Pflanzen erhalten. Man braucht nicht so oft zu gießen, weil der Regen besser in den Boden eindringen kann. Nicht zuletzt werden durch die regelmäßige Bodenbearbeitung die Unkräuter schon frühzeitig in ihrem Wachstum gestört. Von der Aussaat bis zur Ernte gilt es also, den Boden, sobald er oberflächlich verkrustet und hart wird, immer wieder aufzulockern.

Oben: Vor der Aussaat im Frühling glättet man mit dem Rechen den Boden.

Rechts: Für die oberflächliche Auflockerung wird am besten die Grabgabel verwendet.

Düngen

Jede Pflanze braucht zu ihrem Wachstum bestimmte Nährstoffe, die sie über die Wurzeln aus dem Boden aufnimmt. Mit Hilfe der Lichtstrahlung und des Blattgrüns baut die Pflanze daraus organische Stoffe wie Zucker, Stärke, Eiweiß auf, alles wichtige Grundstoffe für ihren Stoffwechsel. Wasser und Kohlendioxid (CO_2) sind weitere notwendige Bestandteile dieses Prozesses, den man Photosynthese nennt. Die Stoffwechselreaktionen in der Pflanze sind also von einer Vielzahl von Faktoren abhängig. Fehlt nur einer, so ist das Wachstum der Pflanze gestört; das gleiche gilt, wenn einer im Übermaß vorhanden ist. Die für die Ernährung notwendigen Nährstoffe werden in Haupt- und Spurennährstoffe unterteilt:

Hauptnährstoffe	Spurennährstoffe
Stickstoff	Eisen
Phosphor	Mangan
Kalium	Kupfer
Calcium	Zink
Magnesium	Bor
Schwefel	Molybdän
	Chlor

Wir ernten im Garten ober- und unterirdisch gewachsene Pflanzenteile und entziehen damit dem Boden Nährstoffe. Wollte man das laufend fortsetzen, würde der Boden verarmen und seine Fruchtbarkeit verlieren. Daher müssen dem Boden die verlorengegangenen Nährstoffe wieder zugeführt werden, damit er ausreichend versorgt ist. Aber nicht alle Gemüsekulturen entziehen dem Boden die gleiche Menge Mineralstoffe, so daß beim Düngen immer die Nährstoffansprüche der jeweiligen Art zu berücksichtigen sind. So brauchen z. B. alle Kohlarten sehr viel Stickstoff und Kalium, weil sie viel mehr Blattmasse bilden und wesentlich länger auf dem Gemüsebeet bleiben als beispielsweise die Radieschen.

Bodenuntersuchung

Die wenigsten Gartenbesitzer wissen über die Nährstoffverhältnisse in ihrem Gartenboden Bescheid. Denn meist wird nach »Gefühl« gedüngt und erst, wenn das Wachstum im Garten sichtbar nachläßt, macht man sich Gedanken, welche Ursachen das

eigentlich hat. Deshalb sollte man unbedingt den Boden untersuchen lassen. Auskünfte über Möglichkeiten für eine Bodenuntersuchung geben die zuständigen Gartenbauämter, Landwirtschaftskammern oder die Gartenbauvereine.

Bei der Standarduntersuchung wird der Gehalt des Bodens an Kalium, Phosphor, Magnesium festgestellt, und sie gibt auch Auskunft über die Bodenreaktion, also den pH-Wert.

Zwischen Herbst und Frühjahr ist die beste Zeit zur Entnahme einer Bodenprobe.

In einer Fertigdüngermischung sind sämtliche Nährstoffe enthalten, die die Pflanzen benötigen.

Wer will, kann eine Düngeempfehlung bekommen, wenn Angaben zur beabsichtigten Nutzung gemacht werden. Die richtige Zeit, Bodenproben aus dem Garten zu ziehen, liegt zwischen Herbst und Frühjahr, wenn die Vegetation ruht. Enthält der Boden weder zuviel noch zu wenig Nährstoffe, so sollte er doch alle 3–4 Jahre analysiert werden. Sehr viele Gartenböden sind vor allem mit Kalium und Phosphor überversorgt, wie die Bodenuntersuchungsergebnisse zeigen.

Im Labor wird die Bodenprobe auf alle Inhaltsstoffe untersucht.

Anzustrebende Werte im Gartenboden sind:

pH-Wert	Phosphor P_2O_5	Kalium K_2O n mg/100 g Boden	Magnesium MgO
6–7	15–25	15–25	10–15

Organischer Dünger oder Mineraldünger

Ob die fehlenden Nährstoffe aus organischen oder mineralischen Düngern dem Boden zur Verfügung gestellt werden, das können die Pflanzen nicht unterscheiden. Wichtig ist nur, daß die Düngung in einer ausgewogenen Mischung zum richtigen Zeitpunkt und dem Pflanzenbedarf angepaßt verabreicht wird.

Bei den Mineraldüngern gibt es Einzel- und Mehrnährstoffdünger mit den unterschiedlichsten Nährstoffgehalten. Bei Verwendung eines Volldüngers, die einfachste Art im Garten zu düngen, sind phosphatarme Dünger zu verwenden, da die meisten Gärten sowieso mit Phosphor überversorgt sind. Auch die Vorräte an Kali im Boden sind häufig beachtlich, so daß nur mehr Stickstoff und Magnesium mineralisch gedüngt werden sollten. Außerdem ist es günstig, chlorfreie Dünger zu verwenden. Sehr viele Gemüsearten – außer Roten Beten, Spinat, Sellerie – reagieren sehr empfindlich auf chlorhaltigen Dünger.

Sehr sorgfältig muß mit der Stickstoffdüngung umgegangen werden, denn Stickstoffmangel äußert sich in schlechtem Wachstum und Ertrag, Überdüngung dagegen läßt die Pflanzen krankheitsanfälliger werden und erhöht in ihnen den unerwünschten Nitratgehalt. Darüber hinaus wird das Grundwasser durch Nitratauswaschungen aus dem Boden belastet. Da Stickstoff nicht auf Vorrat gedüngt werden kann, sollte er in mineralischer Form nur in der Wachstumsperiode, vor allem am Anfang, ausgebracht werden. Damit ist am ehesten gewährleistet, daß ihn die Pflanzen in ihrer Kulturzeit verwerten können.

Die dem Boden entzogenen Nährstoffe können aber auch durch organische Düngemittel ersetzt werden. Doch muß die Zusammensetzung der einzelnen Dünger beachtet werden. Diese Dünger werden meist aus tierischen Abfällen hergestellt und haben nicht immer garantierte Nährstoffgehalte. Organische Dünger wirken langsam, denn die Nährstoffe müssen von den Mikroben erst in pflanzenverfügbare Form umgewandelt werden. Daher organische Dünger nie im Herbst ausbringen, weil sonst Stickstoff unkontrolliert freigesetzt werden könnte!

Zu den organischen Düngern gehören auch Stallmist, Kompost, Ernterückstände, Gründüngungspflanzen, die nicht nur den Humusgehalt des Bodens erhöhen, sondern den Pflanzen auch wertvolle Nährstoffe zur Verfügung stellen. Werden regelmäßig Stallmist und Kompost in den Boden eingearbeitet, reicht dies üblicherweise aus, um den jährlichen Phosphorentzug auszugleichen. Kalk ist Pflanzennährstoff und Bodendünger in einem. Viele Böden sind zu sauer. Kalk bindet die Säure im Boden, macht die Bodenkrümel stabil und fördert das Bodenleben. Durch zuviel Kalk werden Spurenelemente gebunden und sind für die Pflanzen nicht mehr verfügbar. Zudem werden die Umsetzungsvorgänge im Boden beschleunigt, es tritt rascher Humusabbau ein. Wie oft und wann der Boden mit Kalk zu versorgen ist? Eine

Kalkung alle 2–3 Jahre reicht normalerweise für unsere Gartenböden aus. Kohlensaure Kalke, Hütten- und Algenkalke wirken sehr langsam und können jederzeit auf allen Gartenböden ausgebracht werden. Am besten streut man sie gleichmäßig im Herbst über die Gartenbeete, wenn diese abgeräumt sind oder ehe sie mit neuen Kulturen bestellt werden. Branntkalk hingegen mit seiner ätzenden und deutlich rascheren Wirkung wird auf schweren Böden bei trockenem Wetter im Herbst ausgebracht und flach eingearbeitet.

Die auszustreuenden Kalkmengen richten sich nach dem Kalkgehalt (CaO) des jeweiligen Kalkdüngers und liegen zwischen 100–200 g Kalk je m^2.

Zeitpunkt der Düngung

Damit man beim Düngen keinen Fehler macht, also mit der Natur so sorgsam wie möglich umgeht, ist dem Bedarf der Pflanzen genau Rechnung zu tragen. Unterschiedlich hoch ist der Düngerbedarf der einzelnen Gemüsearten. Pflanzen mit hohem Nährstoffbedarf, also die starkzehrenden Arten, bekommen die notwendige Gesamtdüngermenge nicht auf einmal: eine Grunddüngung beim Pflanzen und mehrere Kopfdüngungen je nach Pflanzenentwicklung bringen die besten Ergebnisse und schonen die Umwelt. Der Dünger wird entweder zwischen die Kulturen gestreut oder in Wasser gelöst in flüssiger Form ausgebracht. Auch Möhren, die bei zu hohen Nährstoffkonzentrationen im Boden schlecht aufwachsen, sollten lieber erst später mit Stickstoff gedüngt werden. Und wie leicht man sich mit Düngermengen verschätzen kann, zeigt sich, wenn man sich einmal die Mühe macht, die einzelnen Düngergaben auszuwiegen.

Nur wer alle mit der Düngung in Zusammenhang stehenden Aspekte kennt und berücksichtigt, fördert das Wachstum und schont zugleich Boden und Umwelt.

Im Herbst sollte der Algenkalk gleichmäßig über die abgeräumten Beete gestreut werden.

Unkrautbekämpfung möglichst ohne Gift

Unkräuter konkurrieren mit den Kulturpflanzen um Licht, Kohlendioxid, Wasser, Nährstoffe und dienen als Wirtspflanzen für Schaderreger. Sie siedeln sich im Garten an, wenn ihnen Licht, Bodenfeuchtigkeit, Bodenreaktion und Nährstoffgehalt entsprechen. Doch sämtliche Unkräuter, die heute auch als Wildkräuter bezeichnet werden, richten meist nicht so großen Schaden an, daß sie im Hausgarten mit einem Unkrautbekämpfungsmittel bekämpft werden müßten. An vielen Stellen im Garten kann ohne weiteres das eine oder andere Unkraut wachsen, ohne daß es als störend empfunden werden muß. Viele Unkräuter sind für Raupen, Schmetterlinge und andere nützliche Tierarten sogar wichtige Futterpflanzen. So brauchen zum Beispiel Kleiner Fuchs, Admiral und Tagpfauenauge die Brennessel als Nahrungspflanze für ihre Raupen.

Im Gemüsebeet kann das Unkraut, das sehr schnell wächst, blüht, Samen bildet und sich wieder vermehrt, ohne großen Aufwand durch Hacken entfernt werden. Bei rechtzeitiger Bekämpfung werden die einjährigen Unkräuter, ehe die Samen ausfallen, in Schach gehalten. Und gerade sie siedeln sich mit Vorliebe zwischen den Gemüsekulturen an. Hirtentäschel, Vogelmiere, Franzosenkraut, Melde, um nur einige zu nennen, lassen sich durch laufendes Jäten ohne große Mühe bekämpfen. Vor allem nach Regen, wenn der Boden aufgeweicht ist, kann man Unkräuter leicht entfernen. Wird das Hacken auch noch an einem heißen Tag erledigt, vertrocknet das ausgehackte Unkraut und kann nicht wieder anwachsen. Gleichzeitig wird der Boden gelockert und beim Verrotten entsteht wertvoller Humus. Eingedämmt werden kann der Unkrautwuchs durch Beschatten der Bodenoberfläche mit einer Mulchschicht oder durch Anbau in Mischkultur.

Mehrjährige Unkräuter wie Giersch, Winde oder Quecke lassen sich durch dauerndes Hacken, Jäten und Aufsammeln der Wurzeln beim Graben ebenfalls wirksam bekämpfen. Reichen hier die mechanischen Maßnahmen nicht aus, können Mineraldünger mit herbizider Wirkung, wie z. B. Kalkstickstoff, eingesetzt werden.

Links: An warmen Tagen ist es günstig mit der Ziehhacke das Unkraut auszuhacken, da dieses dann schnell verdorrt.

Unten: An die Schmetterlinge (hier ein Admiral) sollte man bei der Pflanzenwahl denken.

Sprengen und Gießen

Wasser ist lebensnotwendig, und ohne Gießen kommt man in keinem Garten aus, weil Niederschläge und Grundwasser nicht ausreichen, um die Pflanzen optimal mit Wasser zu versorgen. Wenn die Pflanzen unter Wassermangel leiden, gibt es weniger und dies auch erst später zu ernten; die Qualität ist allgemein schlechter. Sehr viel Wasser brauchen Sellerie, Lauch, Kopfkohl, Blumenkohl und Chinakohl, während Erbsen, Bohnen, Zwiebeln und Paprika Trockenheit leichter vertragen. Besonders ungünstig ist ein stark wechselndes Wasserangebot. Tomaten und die verschiedenen Wurzelgemüsearten vertragen ungleichmäßige Wasserversorgung überhaupt nicht und platzen auf. Steht Kohlrabi zu lange trocken, so wird er holzig; Radieschen und Rettich schmecken dann besonders scharf. Blumenkohl treibt in Trockenzeiten zu früh seine Blüten, und Blattläuse fühlen sich dann besonders wohl. Für Zwiebeln ist während des Ausreifens eine Trockenperiode von Vorteil, da sie sich dann im Lager sehr lange halten. Für frische Aussaaten ist zuviel Wasser sogar lebensbedrohlich, weil die jungen Wurzeln dann unter Sauerstoffmangel leiden.

Über die Wurzeln nehmen die Pflanzen, die einen sehr hohen Wassergehalt haben – bis 95 % –, das Wasser mit den darin gelösten Nährstoffen aus dem Boden auf. Es verdunstet immer wieder über die Oberfläche der Blätter, und daher muß das verbrauchte Wasser ständig ersetzt werden. Wird nicht mehr genug Wasser über die Wurzeln aus dem Boden nachgeliefert, so beginnen die Pflanzen zu welken und verlieren ihre Frische. Bei vorübergehender Welke, so z. B. in der Mittagszeit, bleiben alle Lebensfunktionen aufrecht, die Pflanzen erholen sich wieder. Bei dauerhaftem Wassermangel kann es so weit kommen, daß die Pflanzen sich trotz Wasserzufuhr nicht mehr regenerieren können, sie sterben ab. Daher muß man in Trockenzeiten für ausreichende Bewässerung sorgen, natürlich angepaßt an die jeweilige Pflanzenart.

Doch spielen der Zeitpunkt und die verabreichte Menge eine große Rolle. Im Sommer wird nicht in der Mittagszeit bei starker Sonneneinstrahlung gegossen, wenn ein großer Teil des

Regentonne, Wasserschlauch und Gießkanne sind unverzichtbares Zubehör für die gesicherte Wasserversorgung.

Wassers sofort verdunstet, sondern erst am Abend oder am frühen Morgen. Im Frühjahr und Herbst, wenn die Nächte noch oder schon kühl sind, ist es besser, am frühen Vormittag zu wässern, damit das Wasser den Boden nicht noch zusätzlich abkühlt. Außerdem würden die Pflanzen nicht mehr abtrocknen, so daß sich Pilzkrankheiten leichter ausbreiten könnten. Das Wasser soll abgestanden und nicht zu kalt sein, eine kalte Dusche wollen Pflanzen nun einmal gar nicht. Besonders bei sehr heißem Wetter ist das ein Kälteschock für das empfindliche Gewebe. Deshalb das kalte Wasser aus dem Schlauch mit einer feinen Brause oder dem Regner auf den Beeten verteilen! Damit wird auch die Luftfeuchte im Gemüsegarten erhöht, was wiederum das Wachstum der Pflanzen fördert.

Wird mit der Gießkanne gewässert, so sollte das Wasser aus einem Bottich oder noch besser aus der Regenwassertonne entnommen werden. Um Zeit zu sparen, vor allem in den warmen Sommermonaten, kann man sich beim Wässern mit einem Regner helfen. Es gibt sehr viele verschiedenartige Sprenger, sogar schon computergesteuerte, deren Anschaffung sich nicht nur im großen Garten lohnt.

Der häufigste Fehler, der beim Gießen gemacht wird, ist, daß die Beete zu häufig und zu wenig durchdringend gegossen wird. Oberflächliches Gießen heißt, daß das Wasser kaum in den Boden eindringen kann, sondern daß nur die Oberfläche befeuchtet wird. Bis zu den Wurzeln, die das Wasser dringend brauchen, dringt es nicht durch. Und so werden viele Wurzeln an der Bodenoberfläche ausgebildet, die Pflanzen wurzeln nur flach und welken bei Trockenheit noch schneller. Deshalb lieber weniger oft, aber um so gründlicher gießen. So wird der Boden geschont und die gleichmäßige Entwicklung der Pflanzen gefördert. Ein Lehmboden muß weniger oft gegossen werden, da er länger feucht bleibt als ein sandiger Boden. Wenn man sich über den Feuchtezustand des Bodens nicht im klaren ist, lohnt es, ihn mit ein bis zwei Spatenstichen aufzugraben, um zu prüfen, ob er sich feucht anfaßt. Gerade im Frühjahr ist der Untergrund noch ausreichend feucht, obwohl der Boden an der Oberfläche schon sehr ausgetrocknet aussieht.

Die Faustregel besagt, 1 l Wasser je m^2 (= 1 mm) dringt etwa 1 cm tief in den Boden ein. Entsprechend rechnet man als normale Gabe etwa 20 l/m^2, das sind etwa 2 Gießkannen voll. Für frische Saaten und Pflanzungen reicht eine Gießkanne mit 10 l Fassungsvermögen. Da Aussaaten sehr empfindlich gegen Trockenheit sind, sollten sie öfters gegossen werden; nur wenn der Boden ständig 5–10 cm tief feucht gehalten wird, verläuft die Keimung optimal.

Vergleicht man die Gießwassermengen mit den natürlichen Niederschlägen, so bringt ein Landregen, der dem Garten besonders gut tut, in einer Stunde 20 l/m^2. Als Fazit ist festzuhalten, lieber in größeren Abständen und zur richtigen Tageszeit gründlich gießen!

Geringer wird der Wasserverbrauch durch das erwähnte Mulchen mit Grasschnitt, Ernterückständen und ähnlichem organischen Material, weil dann weniger Wasser verdunstet. Auch kann der Wasserverlust an der Bodenoberfläche durch häufiges leichtes Lockern des Bodens verringert werden.

Oben links: Aufgefangenes Regenwasser wird mit Hilfe einer kleinen Pumpe an die Beete geleitet.

Seite 55: Mit diesem verstellbaren Regner ist für eine gleichmäßige Bewässerung gesorgt.

Neues zum Pflanzenschutz

Wer einen Nutzgarten hat, der muß wissen, daß dort Schädlinge und Krankheiten gleich welcher Art jederzeit auftreten werden. Den besten Schutz gegen Schadorganismen bietet ein möglichst vollkommenes ökologisches System im Garten. Dies wird besonders im integrierten Pflanzenschutz verwirklicht, wo alle möglichen pflanzen- und gartenbaulichen Maßnahmen ergriffen werden, um die Widerstandskraft der Pflanzen zu fördern.

Gerade im Hausgarten sollte nicht zu chemischen Pflanzenschutzmitteln gegriffen werden, weil man dort leichter geringere Erträge oder schlechtere Qualitäten in Kauf nehmen kann.

Die erste Regel des biologischen Pflanzenschutzes besagt, daß man Gemüse nur am optimalen Standort anbaut und die Wachstumsbedingungen so günstig wie möglich gestaltet. Dazu gehören Licht, Temperatur, Wasser-, Nährstoff- und Humusversorgung, Fruchtfolge, Anbautermine, Sortenwahl und andere Einflußfaktoren.

Es gibt heute bereits eine Reihe resistenter oder weniger krankheitsanfälliger Sorten und robustere Arten, deren Saatgut allerdings etwas teurer ist. So gibt es beispielsweise mehltauresistente Sorten bei Salat und Spinat oder Bohnensorten, die für Schwarzbeinigkeit und Brennfleckenkrankheit weniger anfällig sind.

Das Abdecken mit Folie oder Vlies hält im Frühjahr Kohl-, Rettich- und Zwiebelfliegen von den Pflanzungen fern. Auch das Anlegen von Schutzmanschetten an Kohlpflanzen verhindert, daß Kohlfliegen ihre Eier ablegen können. Das Einsammeln von Raupen und Käfern, von befallenem Obst, das Abschneiden und Entfernen kranker Pflanzenteile, das Desinfizieren von benutzten Gartengeräten (Bohnen- und Tomatenstangen) oder das Feuchthalten der Beete, damit Erdflöhe keinen Schaden anrichten, all das sind mechanische Maßnahmen, die den Anbau im Garten problemloser machen.

Aktiver Pflanzenschutz heißt auch, das ökologische Gleichgewicht im Garten erhalten oder es durch artenreiche Gartengestaltung wiederherzustellen, denn damit werden die natürlichen Kreisläufe unterstützt. Dazu gehören der Schutz und die gezielte Förderung aller Lebewesen, die unseren Gartenpflanzen helfen, mit Gefahren, die ihnen von ungebetenen Gästen drohen, besser fertig zu werden. Allen tierischen Helfern im Gar-

Dieses Möhrenbeet ist durch die Vlies-Abdeckung vor Schädlingen geschützt.

ten sollte man Unterschlupf und Brutstätten anbieten, damit sich das nützliche Getier in kürzester Zeit erheblich vermehren kann. Es gibt eine lange Liste von Tieren, die uns im Garten Nutzen bringen und denen wir optimale Lebensumstände einräumen sollten, sei es der Igel, das Wiesel, Kröten und Frösche, Eidechsen, Insekten und natürlich die vielen Vögel. Als natürliche Blattlausfeinde sind Marienkäfer, Florfliegen und Schlupfwespen zu nennen. Man braucht sich nur vorzustellen, daß die Larven der Marienkäfer bis zu ihrer Verpuppung bis zu 600, die Käfer selber 20–30 Blattläuse verzehren. Und die Schlupfwespen, die ihre Eier in die Blattläuse ablegen und auf diese Weise für die Ernährung ihrer Brut sorgen, kommen im Sommer den Marienkäfern zu Hilfe. Man macht sich die Tatsache zunutze, daß sich bestimmte Nützlinge von Schädlingen ernähren. So sind die natürlichen Gegner der Weißen Fliegen die Erzwespen, der Roten Spinnen die Raubmilben und der Blattläuse die Gallmücken. Wirkungsvoll ist der Einsatz dieser natürlichen Feinde zur Bekämpfung von Schädlingen allerdings nur im Gewächshaus und in Wohnräumen.

Leider sind trotz aller möglichen vorbeugenden Pflanzenschutzmaßnahmen die Nutzpflanzen nicht immer dem gefährlichen Ansturm von Schädlingen gewachsen. Diese rechtzeitig zu erkennen und abzuwägen, ob eine Bekämpfung überhaupt lohnt, ist das A und O des naturbewußten Gärtners. Denn auf keinen Fall sollte man die Umwelt unnötig belasten. Im Hausgarten läßt sich das in vielen Fällen verwirklichen, wenn man kranke oder von Schädlingen befallene Pflanzen sofort entfernt. Man kann auch verschiedene Kräuterzubereitungen und Pflanzenbrühen zur direkten Bekämpfung einsetzen. Sie sind zwar weniger wirksam, aber dafür umweltfreundlich. Einige Pflanzenextrakte haben stark toxische Wirkung und werden bereits wirksam gegen Insekten eingesetzt. Diese natürlichen Insektizide sind aus Chrysanthemenblüten *(Pyrethrum)*, aus tropischen Leguminosen *(Rotenon)* oder aus Ryania *(Ryanodin)* hergestellt. Bei der Anwendung dieser aus Pflanzen gewonnenen Gifte werden allerdings auch Nützlinge in Mitleidenschaft gezogen. So ist Rotenon ein starkes Fischgift. Man sollte die Mittel nur streng nach Vorschrift anwenden und möglichst sparsam damit umgehen.

Wenn es gar nicht anders geht, setzt man chemische Mittel ein, die eine möglichst kurze Wartezeit haben und selektiv wirken, nicht bienengefährlich und für Warmblütler wenig giftig sind. Nur bei überlegter, sachgemäßer und äußerst sparsamer Anwendung erhält sich der Kleingärtner seinen natürlichen Lebensraum, den gesunden Garten.

Oben: Diese Kulturen sind durch Bambusjalousien auch vor Nachtfrost geschützt.

Ganz oben: Mit einem selbstangesetzten Brennesselsud leisten Sie einen Beitrag zur umweltfreundlichen Schädlingsbekämpfung.

Mulchen

Wie in der freien Natur sollte auch im Garten der Boden niemals ungeschützt sein. Die Bedeckung der Bodenoberfläche mit Grasschnitt, Grünabfällen, aber auch mit gehäckselten Zweigen und Stroh, halbgarem Kompost u. a. schützt den Boden vor Sonne, Wind und Regen. Man nennt eine solche Pflanzendecke auch Mulchschicht. Sie schützt den Boden vor Erosion und Austrocknen und fördert das Bodenleben. Außerdem wird die wertvolle Bodengare bewahrt, bis die Pflanzen herangewachsen sind und selbst den Boden beschatten. Die Mulchschicht sollte aber nicht zu dick aufgetragen werden, möglichst nur bis zu einer Höhe von 10 cm, vor allem wenn es sich um frischen Grasschnitt handelt. Sobald die Bodenoberfläche wieder sichtbar wird, muß man den Boden erneut mulchen. Mulchen erleichtert dem Gärtner seine Arbeit: der Boden braucht kaum gehackt und gejätet zu werden, weil das Mulchen den Unkrautwuchs eindämmt.

Im Frühjahr muß man in kälteren Gegenden mit dem Mulchen etwas warten, denn eine gute Mulchdecke verzögert die Erwärmung des Bodens. Vor dem Aufbringen einer Mulchschicht lockert man am besten noch einmal den Boden. Dann wird das Mulchmaterial von den Bodenbakterien langsam zersetzt und liefert dem Boden guten Humus und den Pflanzen ständig viele Nährstoffe. Das Aufbringen einer Mulchschicht hat sich im Gemüsegarten bewährt, empfiehlt sich aber ganz besonders bei Beeren- und Ziersträuchern und unter Obstbäumen. Die Feuchtigkeit bleibt den Wurzeln erhalten, weil die Verdunstung des Bodenwassers über der Erde durch gleichmäßige Temperaturen vermindert ist.

Auch wenn der Nachbar die gemulchten Beete nicht gerade als Augenweide, sondern als »unordentlich« empfindet, sollte der bewußte Kleingärtner doch den Mut aufbringen, seinen Boden das ganze Jahr über bedeckt zu halten.

Links: Mit einer Strohmulchschicht wird die Verdunstung gering gehalten.

Mulchfolie über einem Gurkenbeet.

Richtig kompostieren

Ein Kompostplatz, der möglichst windgeschützt und an einem schattigen Platz gelegen ist, gehört in jeden Garten. Auch wenn der Garten noch so klein ist, sind diese wenigen Quadratmeter nicht verschenkt. Hier verwendet man vor allem die raumsparenden Kompostbehälter, die im Handel in verschiedenen Formen und Ausführungen aus Holz, Drahtgeflecht, wiederverwertetem Kunststoff und anderen Materialien angeboten werden. Wer Platz genug in seinem Garten hat, kann auf einen Kompostbehälter verzichten und einen freiliegenden Komposthaufen an möglichst unauffälliger Stelle einrichten, zu dem er auch bei nassem Wetter bequem seine Abfälle hinbringen kann.

Beim Aufsetzen des Komposthaufens sind einige Grundregeln einzuhalten. Man darf nicht wahllos die Abfälle aufeinanderwerfen, sondern muß darauf achten, daß die Schichten locker liegen, sonst beginnt es bald unangenehm zu riechen. Ein Komposthaufen soll nicht breiter als 1,50 m sein und die Höhe von 1–1,20 m darf nicht überschritten werden, während die Länge beliebig zu wählen ist. Ist er zu breit, so kann weniger Luft die gesamte Masse durchdringen, und im Inneren begünstigen sauerstoffarme Zonen die Fäulnis. Auch deshalb soll sich der Haufen nach oben verjüngen und hier 0,80 – 1,00 m messen.

Zu ebener Erde und ohne daß der Boden mit Beton oder Steinen befestigt ist, wird als Grundlage für den Haufen eine Schicht trockenes, saugendes Material, z. B. trockener Rasenschnitt, Laub, Stroh, Schnittholz eingebracht. So erreicht man, daß genügend Luft an das zu verrottende Material gelangt und sich die Feuchtigkeit im Innern nicht staut. Darüber werden in Lagen von ca. 20 cm alle verrottbaren Abfälle schichtweise gestapelt und zwar abwechselnd nasses und grobes, luftdurchlässiges Material. Kompostiert werden alle organischen Garten- und Küchenabfälle.

Für das Aufsetzen eines Komposthaufens müssen Sie einige Grundregeln unbedingt beachten.

Ganz gleich ob Gemüseabfälle, Eierschalen, Tee- und Kaffeesatz oder Bohnen-, Erbsenlaub, Grasschnitt u. ä., alles liefert dem Garten wieder kostbaren Humus. Sperriges Material sollte zerkleinert werden, damit es schneller verrotten kann. Fällt zuviel Rasenschnitt auf einmal an, so ist es besser, das Gras erst anwelken zu lassen, damit es infolge Sauerstoffmangels nicht zu faulen beginnt. Bei großen Mengen schwer zersetzbarem Material, in dem wenig Stickstoff (N) und zuviel Kohlenstoff (C) vorhanden sind, verzögert sich die Rotte, weil den Mikroorganismen der notwendige Stickstoff fehlt. Abhilfe kann man schaffen, wenn man stickstoffhaltige Düngemittel darauf streut oder immer wieder eine Schicht Gartenerde aufbringt.

Sobald der Komposthaufen groß genug ist, wird er mit einer dünnen Schicht fertigem Kompost, zerkleinertem Stroh oder angewelktem Gras abgedeckt. Das schützt ihn vor Nässe und Austrocknung. Mit der Zeit sackt der Haufen zusammen. Der im Herbst aufgesetzte Kompost ist, wenn der Rotteprozeß optimal abläuft, im Frühjahr nur noch halb so groß.

Ein Umsetzen des Kompostes ist nur dann nötig, wenn die Rotte zu langsam abläuft und der Nachbar vielleicht schon die Nase rümpft. Dann ist der Kompost zu naß, die Durchlüftung fehlt und die Abfälle fangen an zu faulen. Im Sommer dagegen ist bei großer Trockenheit der Kompost unbedingt zu befeuchten, sonst läuft der Kompostierungsprozeß nicht richtig weiter.

Um laufend Komposterde zur Verfügung zu haben, ist die Anlage mehrerer Kompostmieten vorteilhaft, vor allem in größeren Gärten. Wann und wie man den Kompost verwenden kann, ist im Kapitel »Bodenverbesserung« nachzulesen.

Frühbeet mit verschiedenem Gemüse; im Hintergrund ein kleiner Kompostbehälter.

GESUNDES GEMÜSE AUS EIGENEM ANBAU

Um sich mit frischem Gemüse aus dem eigenen Garten einzudecken, muß nicht gleich der gesamte Rasen umgeackert werden, brauchen Rosenbeete und Staudenrabatten keineswegs zu weichen. Ziergarten und Nutzgarten vertragen sich bestens miteinander, und sie können sogar einer in den anderen übergehen. Außerdem sehen Stangenbohnen und Borretsch, Salatköpfe und Kürbis, Tomaten und Rosmarin auch noch wunderschön aus. Ein wenig Farbe zwischen die Gemüsepflanzen bringen Ringelblumen und Kapuzinerkresse (beide übrigens auch gleich als eßbare Salat-Dekoration zu gebrauchen), Malven und Verbenen, Löwenmäulchen und Sommerphlox, von denen jeweils ein paar Pflänzchen am Ende eines Beetes oder einer Reihe Platz finden können. Damit ist dann gleich für frische Schnittblumen den ganzen Sommer hindurch gesorgt.

Das Wichtigste im Nutzgarten – ganz gleich, ob er im Gartengeschehen die Haupt- oder nur eine Nebenrolle spielt – sind die knackigen Salate, die Kräuter, die saftigen Fruchtgemüse und Knollen, die Zwiebeln, Stengel und Blätter, die täglich frisch auf den Salatteller oder in den Kochtopf kommen und dafür sorgen, daß wichtige Nährstoffe, Vitamine, Mineral- und Ballaststoffe die ganze Saison lang nicht ausgehen.

Der Gemüse- und der Ziergartenteil werden durch ein Rasenstück voneinander getrennt; die Gesamtwirkung ist besonders harmonisch.

Kultur von Blattsalaten

Im Bereich der Blattsalate haben neue Züchtungen in den letzten zwei Jahrzehnten für eine „Revolution in der Salatschüssel" gesorgt. Wenn früher vor allem oder fast ausschließlich Kopf- und Endiviensalat das Sortiment bestimmten, so drängen sich jetzt auf den Märkten und Beeten Salate in verschiedenen Grün-, Gelb-, Rot- und Brauntönen mit krausen oder spitzen, weichen oder knackigen Blättern in den Vordergrund. Eine Schüssel mit verschiedenen Blattsalaten wird so zu einer höchst farbenfreudigen Kombination. Und für eine oder mehrere Salatsorten ist wirklich in jedem Garten Platz.

Anbaubedingungen

Alle Salate bevorzugen durchlässige, humose Böden, die nicht zu lehmig und schwer sein sollten. Steht man im eigenen Garten noch ganz am Anfang und hat man es mit kaltem, verdichtetem Lehmboden zu tun, muß man durch sorgfältige Bearbeitung und Lockerung des Bodens sowie durch Untermischen von Sand und Torf dem Erdreich die gewünschte Struktur geben. Je besser durchlüftet es ist, desto üppiger gedeiht der Salat. Vor allem die frühen Salatsorten wünschen sich leichten, warmen Boden, spätere vertragen auch Beimischungen von Lehm. Darüber hinaus ist Salat nicht besonders anspruchsvoll. Falls der Boden, in den die Pflänzchen gesetzt werden, gut mit reifem Kompost gedüngt wurde, genügt es, wenn man für ausreichend Feuchtigkeit – nicht Nässe! – sorgt und allenfalls während der Ausbildung der Köpfe mit etwas flüssigem Dünger (zum Beispiel Guano) dem Wachstum nachhilft.

Man sollte bei den verschiedenen Salaten immer wieder Folgesaaten vorsehen, damit man während des ganzen Frühlings, Sommers und Herbstes bis fast in den Winter hinein mit vitaminreicher Rohkost versorgt ist. Ärgerlich für den Gärtner ist, wenn der Salat vorzeitig »schießt«. Dabei ist das Schossen nichts anderes als das Wachsen des Blütenstengels. Solange aber die Tage noch kurz sind, bildet der Salat die Blattmasse aus, die Blütenbildung wird erst während der langen, hellen Tage des Sommers gefördert. Allerdings kann auch längere Trockenheit zum Schossen führen, ebenso spielen Luft- und Bodentemperatur eine Rolle. Da die einzelnen Sorten unterschiedlich reagieren, gibt es im Salatsortiment solche für den Anbau im Frühjahr, im Sommer und im Herbst.

Für eine besonders frühe Ernte empfiehlt es sich, den Salat schon ab Anfang März ins warme, ab Mitte März ins kalte Frühbeet zu säen. Frei-

Seite 62: Knackig-frischer Pflücksalat.

Oben: Pflücksalat gibts den ganzen Sommer über.

Ganz oben: Butterweich und herzhaft ist dieser Kopfsalat.

landaussaaten erfolgen ab April. Wer sich die Pflanzen nicht selber heranziehen will, kann Jungpflanzen vom Gärtner je nach Witterung ab April setzen. Man sollte aber immer nur soviel pflanzen, wie man in 10–14 Tagen verbraucht, und dann alle 1–2 Wochen neue Pflanzen setzen. Wintersalat, der im August gesät und im September ausgesetzt wird, braucht eine besonders geschützte Lage im Garten und zusätzlichen Schutz im Winter.

Kopfsalate

Zu den beliebten Kopfsalaten gehören einerseits die zarten sogenannten Buttersalate und andererseits die festen Eis- oder Krachsalate. Dazu kommen zahllose neue Salattypen, wie zum Beispiel Kraussalat, Bataviasalat u. a. Interessante Sorten der Buttersalate für frühen Anbau sind ‚King', ‚Maikönig' oder ‚Mariska'. Für den Sommeranbau ‚Merkur' oder ‚Petra', und ‚Kagraner Sommer', für die Herbsternte ‚Elvira', ‚Mona' oder ‚Dabora'. Formen mit roten Blättern sind ‚Rotkäppchen' oder ‚Pirat'. Der Pflanzabstand sollte bei Buttersalaten etwa 25 - 25 cm betragen.

Schmackhafte Eissalate in Grün sind ‚Minetto' oder ‚Laibacher Eis' oder für den frühen Anbau im Frühbeet ‚Kellys'; als rotblättrige Eissalatsorten empfehlen sich u. a. ‚Rouge grenobloise' oder ‚Sioux'. Der Abstand zwischen den einzelnen Pflanzen ist bei den Eissalaten größer zu bemessen als bei den Buttersalaten; im allgemeinen setzt man die Pflänzchen mindestens im Abstand von 25 - 30 cm.

Schnitt- und Pflücksalate

Diese Salate haben in den letzten Jahren den guten, alten Kopfsalat in seiner Favoritenrolle mehr oder weniger abgelöst, denn ihr Anbau hat gleich mehrere Vorteile zu bieten. Zum einen neigen sie nicht so stark zu vorzeitiger Blütenbildung, zum andern

Ganz oben: Herb-bitter im Geschmack ist der Radicchio.

Mitte: Wegen seiner knackig-frischen Blätter ist der Eissalat beliebt.

Unten: Ebenfalls leicht bitter im Geschmack ist der Eskariol.

kann man schon viel früher von einem Salatbeet oder einer Salatreihe mit Schnitt- oder Pflücksalat ernten. Bei der Aussaat, die ab Februar ins warme Frühbeet, ab April ins Freiland erfolgen kann, sollte man die Samenkörner ruhig etwas enger legen. So erscheinen die kleinen Pflänzchen bald dicht an dicht, und sobald sich etwas Blattmasse gebildet hat – das ist nach drei, spätestens vier Wochen der Fall –, zupft man jedes zweite Pflänzchen heraus und bereitet daraus köstlich frischen Frühlingssalat. Zwei Tage später wird wieder ausgedünnt; und die Ernte geht auf diese Weise weiter, bis der erforderliche Pflanzabstand (ca. 15 cm) erreicht ist. Schnitt- und Pflücksalate welken übrigens sehr schnell, deshalb sollte immer erst kurz vor der Zubereitung geschnitten werden.

Man kann von ihnen nicht wie beim Kopfsalat nur einmal ernten, sondern die Blätter wachsen mehrmals, im allgemeinen zwei- bis dreimal, nach. Man zupft oder schneidet die Blätter von außen nach innen. Schnittsalat bringt nach jedem Schnitt neue Rosetten hervor, beim größeren Pflücksalat müssen nur die Herzblätter stehen bleiben. Diese Salate gedeihen übrigens auch im Halbschatten noch zufriedenstellend.

Nach dem ersten und kurz vor dem zweiten und ggf. dem dritten Schnitt sind Schnitt- und Pflücksalate für eine flüssige Düngung mit etwas Kräuterjauche dankbar. Auch nach jeder Ernte ist eine Gabe Flüssigdünger zu empfehlen.

Gute Sorten sind die Pflücksalate ‚Amerikanischer Brauner' und ‚Australischer Gelber' sowie die Schnittsalate ‚Gelber Krauser' und ‚Gelber Runder'.

Eine besonders beliebte Salatvariante bieten auch die roten oder grünen Eichblattsalate, die ebenfalls in zwei Farben angeboten werden. Sie schmecken nicht nur gut und kräftig, sondern sehen mit ihrer an Eichenblätter erinnernden Form auch noch besonders dekorativ aus. Für den Anbau im eigenen Garten gut geeignet sind der grüne Eichblattsalat ‚Salad Bowl', der rote ‚Red Salad Bowl' sowie die Blattbatavia-Sorten ‚Lollo rossa' und ‚Lollo bionda'.

Römischer Salat

Besonders gut geeignet für Gegenden mit heißen Sommern ist der auch Bindesalat genannte Römische Salat mit seinen hohen, etwas lockeren Köpfen in Ovalform. Die Schoßneigung ist bei diesen Varietäten relativ gering. Der aus den Mittelmeerländern stammende Salat ist nicht nur genügsam – er will allerdings gleichmäßig feucht gehalten werden – sondern auch sehr gut lagerfähig; im Gemüsefach des Kühlschranks hält er sich mehrere Tage und büßt dabei kaum etwas von seiner Knackigkeit ein. Günstig ist, ihn ein- oder zweimal während des Wachstums mit einer Flüssigdüngergabe auf Kräuterbasis zu versorgen. Von der Aussaat bis zur Ernte braucht er etwa 10 Wochen. Den Namen Bindesalat bekam er, weil man die lockeren Köpfe bis zur Ernte am besten zusammenbindet. Römischer Salat enthält mehr Bitterstoffe als Kopfsalat. Wegen seiner festeren Konsistenz eignet er sich auch zum Kochen. Gute Sorten sind ‚Pariser Gelber' und ‚Kasseler', aber auch ‚Forellenschluß', ‚Apollo' und ‚Romea'.

Für eine Mischkultur mit Kopfsalat sind Zwiebeln und Möhren bestens geeignet.

Mischkultur mit Salaten

Für alle Kopfsalate und ebenso für die Schnitt- und Pflücksalate wie für den Bindesalat gilt, daß sie sich gut für Mischkulturen eignen. Sie vertragen sich ausgezeichnet mit Kräutern wie Minze, Kerbel und Dill und profitieren ebenso von der Nachbarschaft mit Zwiebeln, Porree, Radieschen, Gurken, Tomaten und Erdbeeren. Auch die verschiedenen Kohlarten und Erbsen passen gut mit Salaten auf ein und dasselbe Beet. Kerbel soll sogar die Kopfbildung fördern; außerdem mögen ihn die gefräßigen Nacktschnecken nicht, die damit auch von den sonst höchst gefährdeten Salatpflanzen abgehalten werden. Ein Kraut, das Salate gar nicht gern in ihrer Nähe mögen, ist dagegen Petersilie.

In einem klassischen Mischkulturbeet könnte die mittlere von fünf Reihen von Erbsen besetzt werden, die dem Ganzen Windschutz geben; die beiden Reihen rechts und links von den Erbsen wären für Radieschen reserviert, während außen auf beiden Seiten Kopfsalat genügend Platz für eine gedeihliche Entwicklung hat. Sobald die Radieschen abgeerntet sind, kann der Salat ihren Platz mit einnehmen und im Schutz der Erbsen weitergedeihen.

Darüber hinaus können vorgezogene Salate auch in anderen Beeten Platz finden, sobald die erste Kultur, z. B. Radieschen, abgeerntet ist.

Weitere Salatpflanzen

Auch andere Pflanzen liefern ausgezeichnete Zutaten für gesunde Salate. Da sind vor allem die verschiedenen Zichorien-Arten und -Varietäten zu nennen.

Endivien

Die Pflanzen mit dem botanischen Namen Cichorium endivia haben als Alternative zum Kopfsalat schon immer eine wichtige Rolle gespielt. Wie die Schnitt- und Pflücksalate entwickeln sie sich nicht zu Köpfen, sondern zu rosettenförmigen Blattgebilden. Außer den glatten bis gewellten Sorten mit breiten Blättern, auch Eskariol genannt, gibt es krause, die bei uns inzwischen immer mehr Liebhaber finden, weil sich aus den zarten Frisée-Blättern so hübsche Salatteller und -schüsseln arrangieren lassen. Endivien haben wie die Zichorie auch Bitterstoffe, die dem Salat einen ganz besonderen Geschmack geben. Die Mitte oder das Herz der Rosette sollte möglichst gelb sein. Früher band man deshalb die Pflanzen im letzten

Endiviensalat der Sorte ‚Palla Rossa'.

Radicchio

Man möchte es kaum glauben, daß die Wegwarte mit ihren zierlichen, leuchtendblauen Korbblüten die Stammutter dieses Salatgemüses ist, das auf dem Umweg über die italienische Küche zu uns gekommen ist. Die dunkelroten Blätter der Salatpflanze sehen besonders schön in einer Zusammenstellung mit grünen Blattsalaten aus. Radicchio bildet kleine, feste Köpfe oder auch lockere Rosetten aus hell- und dunkelweinroten Blättern. Der Geschmack ist wie der aller Zichoriengewächse leicht bitter.

Man kann Radicchio ab Ende Juni bis Juli, am besten in mittelschweren Boden, aussäen, wenn man den Salat noch im Herbst ernten will; die Pflänzchen müssen auf einen Abstand von 25 cm vereinzelt werden. Bis zum Herbst bilden sich dann die kleinen, roten Köpfe. Radicchio zum Überwintern sät man erst im August aus, dünnt die Pflänzchen im Herbst

Reifestadium zusammen. Heute kann man gleich selbstbleichende Sorten säen.

Endivien sind viel weniger empfindlich als Kopfsalate, werden kaum von Schädlingen befallen und zeigen eine viel geringere Schoßneigung. Wegen ihrer Unempfindlichkeit gegen nasse und kalte Witterung gelten sie als ausgesprochene Herbst- und Wintersalate. Bei einer letzten Aussaat Anfang Juli bis August kann man im September bis Ende Oktober die Ernte einbringen. Wenn man die ganzen Pflanzen vor dem ersten Frost herausnimmt und in feuchte Erde oder Sand einschlägt, ist man bis in den Winter hinein mit frischem Salat versorgt.

Von den glattblättrigen Eskariol-Endivien sind u. a. die Sorten ‚Golda', ‚Eskariol, grüner', ‚Diva' und ‚Bubikopf', von den krausblättrigen Frisée-Endivien ‚Wagners Goldherz', ‚Wallone' und ‚Grüne große Krause' zu empfehlen.

Ganz oben: Endivien und Radicchio können bis in den Spätherbst hinein geerntet werden.

Oben: Verschiedene Radicchio-Sorten gibt es schon im Frühjahr, wenn andere Salate noch rar sind.

auf den notwendigen Abstand aus und deckt sie vor den ersten Frösten mit einer Mulchschicht, mit Reisig oder auch mit Vlies, ab. Nicht jede Sorte ist allerdings gleich gut zum Überwintern geeignet. Für die Ernte im Spätherbst sät man am besten die Sorten ‚Cesare' oder ‚Palla Rossa' aus; für die Überwinterung eignen sich vor allem ‚Roter Veroneser' oder ‚Roter von Treviso'. Beide bilden gleich im Frühjahr, wenn die Blattsalate noch eine Rarität sind, knackige Köpfe.

Der leicht bitterschmeckende Chicoree kann im Dunkeln zum Treiben gebracht werden.

Chicoree

Mit diesem Namen werden die im Dunkeln getriebenen weißen Sprosse der zweijährigen Salatzichorie bezeichnet.

Der Anbau der Chicoreepflanzen bzw. ihre Aussaat erfolgt genauso wie bei anderen Salaten. Doch werden im Spätherbst, am besten Anfang November, die Pflanzen mit der Grabgabel aus dem tiefgründigen, aber nicht zu stark und vor allem nicht mit Stickstoff gedüngten Boden genommen. Die Pflanzen sollten einige Tage draußen liegen bleiben, bevor die Blätter entfernt und die Stiele 3 cm über dem Wurzelhals sauber abgeschnitten werden. Die kräftigen Pfahlwurzeln setzt man dann in einen großen Topf, eine Kiste oder in einen Eimer, der unten mit einer Schicht Sand, darüber mit einer Mischung aus Pflanzerde und Torf gefüllt wird. Sie müssen senkrecht in dem Gefäß stehen und ganz zugedeckt sein. Am besten setzt man immer nur so viele Wurzeln, wie man später Sprosse innerhalb von ein paar Tagen verbrauchen kann; die übrigen Wurzeln können im Frühbeet oder im Keller gelagert werden. Die Wurzeln, die als erste antreiben sollen, werden gegossen und mit einem zweiten Topf oder Eimer oder mit schwarzer Folie abgedeckt. Der Raum sollte nicht wärmer als 12–18° C sein. Dann dauert die Treiberei rund 4–5 Wochen. Die gelbweißen Sprosse sind besonders saftig und ergeben einen frischen Salat mit angenehmem Bittergeschmack. Chicoree kann aber auch gekocht oder gedünstet werden. Günstige Sorten für das Treiben von Chicoree sind ‚Sperlings Mira', ‚Mailof', ‚Primosa', ‚Brüsseler Witloof' u. a.

Zuckerhut

Dieser Salat, der aus der wilden Wegwarte gezüchtet wurde, also ebenfalls eine Zichorie ist, deckt den Vitaminbedarf vor allem im Spätherbst und Winter. Deshalb sät man ihn am besten erst im Juli aus. Er gedeiht in mittelschwerem Boden, der nicht mit frischem Stallmist gedüngt sein darf. Günstig ist allerdings eine ein- bis zweimalige flüssige Düngung mit einer im Verhältnis 1:10 verdünnten Kräuterjauche während der Zeit des Wachstums. Die Pflanzen vertragen sogar noch leichte Nachtfröste, die Ernte kann also bis in den Frühwinter weitergehen. Erst wenn starke Fröste drohen, nimmt man alle Pflanzen heraus und schlägt sie in Sand ein, nachdem die Köpfe fest mit Zeitungen umwickelt wurden.

Zuckerhüte wachsen zu großen, länglichen, spitzen Köpfen heran, deren äußere Blätter grün und kräftig im Geschmack sind, während die inneren gelb und mild bleiben. Sie vertragen sich gut mit Möhren, Tomaten und Fenchel in Mischkultur. Der Standraum der großen Pflanzen sollte etwa 40 x 40 cm betragen. Außer der Sorte ‚Zuckerhut' haben sich auch ‚Sperlings Kristallkopf' und ‚Gradina' bewährt.

Chinakohl

Auch unter den Kohlarten gibt es Pflanzen, die ausgezeichnete Salate liefern. Chinakohl, eigentlich in China zu Hause, eignet sich besonders gut als Spätgemüse. Am besten sät man ihn ab Mitte Juli bis in den August hinein aus – bei früherem Anbau neigt er zum Schossen – und vereinzelt die Jungpflanzen dann auf Abstände von 30 - 40 cm. Der Boden sollte nicht zu schwer, durchlässig und gut besonnt sein. Der Düngerbedarf ist auch davon abhängig, ob als Vorkultur ein Starkzehrer den Standraum schon etwas ausgelaugt hat. In jedem Fall erweist sich eine Gabe von verdünnter Kräuterjauche um die Jungpflanzen als günstig. Als Vorkultur sind Erbsen oder Kopfsalat geeignet. Im übrigen verlangen die Pflanzen viel Feuchtigkeit. Sie vertragen sich gut mit Porree, Roten Beten und Fenchel, mögen aber die Nachbarschaft von Kartoffeln und anderen Kohlarten nicht. Auch Zwiebeln, Schalotten oder Knoblauch vertragen sie schlecht in ihrer Nähe. Chinakohl braucht von der Aussaat bis zur Ernte ungefähr 8–12 Wochen.

Bevor die ersten starken Fröste drohen (geringe Minusgrade werden noch vertragen), erntet man die schweren, länglichspitzen oder rundlichen Köpfe ab und stellt sie am be-

Links: Aus der Wilden Wegwarte wurde der vitaminreiche Zuckerhut gezüchtet.

Unten: Günstige Treibsorte des Chicorrees ist ‚Brüsseler Witloof'.

Besonders gut geeignet als Spätgemüse: Chinakohl ‚Fuji‘.

sten Kopf an Kopf aufrecht in Pappschachteln oder Kistchen auf. Sie brauchen einen kühlen Platz im Keller. Wichtig ist, daß die Hüllblätter nicht beschädigt werden.

Gute, schmackhafte längliche Sorten sind:

‚Tokyo King‘, ‚Monument‘, ‚Cantoner Witkrop‘ und ‚Granat‘

Rundliche Köpfe bilden:

‚Samurai‘, ‚Nippon früh‘

Aus Chinakohl bereitet man knackige Salate; eine Kombination mit Früchten wie Pfirsichen oder Orangen schmeckt besonders gut. Man kann die Blätter aber auch mit Fleisch oder Getreide füllen oder fein schneiden und als Gemüse dünsten.

Pak-choi

Anders als die mit ihm verwandte Kohlart Chinakohl bildet diese Pflanze keine Köpfe, sondern Rosetten aus kräftigen, glänzend-grünen Blättern. Sie wird auch Chinesischer Senfkohl genannt. Man beginnt wie beim Chinakohl erst im Juli/August mit der Aussaat, weil früherer Anbau meist zur Schoßbildung führt. Der Boden sollte durchlässig und reich an Nährstoffen sein; falls starkzehrende Pflanzen als Vorkultur angebaut wurden, müssen die Jungpflanzen gedüngt werden. Man kann die Pflanzen anfangs dichter setzen und dann nach und nach auf den gebotenen Abstand von 30–35 cm vereinzeln; die ausgezogenen Pflänzchen ergeben einen besonders zarten Salat. Auch die Stiele können mitgegessen werden. Die Erntezeit der ausgewachsenen Salatpflanzen dauert von September bis Oktober. Man kann das Gemüse samt den Stielen kochen oder dünsten, aber auch zu Salat verarbeiten. Empfehlenswerte Sorten sind ‚Hypro‘, ‚Mizuma‘ und ‚Joy Choy‘.

Feldsalat

Der Wintersalat, der auch Rapunzel, Ackersalat oder Nisselsalat genannt wird, gehört zu den Baldriangewächsen. Er ist nicht frostempfindlich und kann deshalb auch über den Winter gezogen werden. Der Boden braucht nicht besonders nährstoffreich, sollte aber locker und gut besonnt sein. Feldsalat läßt sich gut als Nachkultur säen, z. B. nach Tomaten.

In feuchtem und nährstoffreichem Boden ist der Chinakohl eine raschwüchsige Pflanze.

Man kann mit der Aussaat Ende Juli beginnen und dann im September ernten. Bei einer Aussaat ab September ist der Feldsalat ab Dezember bis in den Frühling hinein erntereif. Allerdings muß man den Pflanzen dann bei starkem Frost etwas Winterschutz in Form von Reisig oder Folie gewähren, damit die Pflanzen frei von Schnee und Eis bleiben. Günstig ist es, unter höheren Wintergemüsen wie Grünkohl oder Rosenkohl auszusäen. Die auflaufenden Pflänzchen müssen von Anfang an unkrautfrei gehalten werden. Es dauert fast 3 Monate, bis sich kräftige, 12–20 cm hohe Rosetten entwickelt haben. Wenn das Herz stehen bleibt, können die Pflanzen wieder nachwachsen. Feldsalat ergibt einen gerade in der kalten Jahreszeit wertvollen, vitaminreichen Salat. Eine Sorte, die sich für die Aussaat ab Juli und für die Herbsternte eignet, ist ‚Breitblättriger Holländer'; für die späte Kultur empfehlen sich ‚Vollherziger Dunkelgrüner' oder ‚Hilds Felma'.

Portulak

Eine Salatpflanze, die viel Sonne und Wärme braucht, ist dieses Gewächs mit den dickfleischigen Blättern und Stielen. Es eignet sich wegen seines schnellen Wachstums gut als Zwischenkultur. Portulak wird am besten nach den Eisheiligen in tiefgründigen, nicht zu schweren Boden gesät und später auf Abstände von 12–15 cm vereinzelt. Mehrere Folgesaaten sind günstig. Schon 3 Wochen nach der Aussaat kann die erste Ernte eingebracht werden. Die glänzenden Blätter verwendet man möglichst frisch. Portulak samt sich im Garten sehr leicht aus.

Ganz oben: Portulak wird sowohl als Zier-, wie auch als Gemüsepflanze kultiviert.

Oben: Der vitaminreiche Feldsalat ist im Winter erntereif. Im Frühjahr treibt er aus und beginnt zu blühen.

Löwenzahn

Jedermann kennt die als »Unkraut« verschrieene Pflanze mit den charakteristischen Blattrosetten, den leuchtendgelben Blüten und den Pusteblumen. Wer nicht nur das Wildgemüse von der Wiese ernten, sondern eine der aus Frankreich zu uns gekommenen Kultursorten des Löwenzahns anbauen will, die weniger bitter als der wilde sind, der sollte ihn im April ins Freiland säen und die Pflänzchen später auf 15 cm Abstand in der Reihe verziehen. Günstig ist mittelschwerer, durchlässiger Boden. Löwenzahn mag sowohl Sonne wie Halbschatten. Wenn er reichlich gewässert wird, schmecken die Bitterstoffe weniger intensiv.

Im August ausgesäter Löwenzahn sollte vor dem Verzehr im Spätherbst mit Hilfe eines über die Pflanzen gestülpten Eimers oder Kartons gebleicht werden. Man kann das Bleichen aber auch im Keller oder im Frühbeet vornehmen. Übrigens läßt sich Löwenzahn wie Chicoree zum Treiben bringen, wenn man ihn ausgräbt, die Blätter bis 4 cm über dem Vegetationspunkt abschneidet und die Wurzeln senkrecht nebeneinander in ein Kistchen oder einen Eimer mit Sand und Gartenerde stellt. Abgedeckt mit einem Karton oder Eimer beginnen die Pflanzen, zarte, bleiche Blätter mit nur wenig Bitterstoff zu treiben.

Den Löwenzahn gibt es als „Unkraut" und als Gemüsepflanze.

Für die Frühjahrskultur eignet sich die Sorte ‚Vollherziger', zum Treiben im Herbst die Sorte ‚Lyonel'.

Rauke

Eine interessante und sehr würzige Salatpflanze für sandige wie lehmige Böden ist die Rauke oder Ölrauke mit ihren würzigen, nußartig schmeckenden Blättern. Kühle Sommer sind einer Kultur besonders förderlich, während die Pflanzen bei längeren Wärmeperioden zu früh zur Blüte kommen. Ausgesät wird ab Frühjahr, die Kulturzeit ist sehr kurz; deshalb sind Folgesaaten bis zum Herbst möglich. Bis zum ersten Frost sollte das Raukebeet abgeerntet sein. Die aromatischen Blättchen sind auch ein pikantes Gewürz für andere Salate.

Oben und links: Manche einst als Unkräuter verrufene Pflanzen hat man längst in Kultur genommen.

S. 73: Bei reichlicher Wässerung verliert der Löwenzahn etwas an Bitterstoffen.

Zu den dankbarsten Fruchtgemüsen gehören die leicht kultivierbaren Tomaten. Hier die Sorte ‚Mirabell'.

Fruchtgemüse im Hobbygarten

Zu dieser Gruppe von Gemüsen gehören die Kürbisgewächse *(Cucurbitaceae)* mit Riesenkürbis, Zucchini, Spaghettikürbis, Patisson und auch die Gurken, die in unseren Gärten seit Jahrhunderten einen festen Platz haben. Fruchtgemüse sind aber auch Tomaten in ihren vielfältigen Erscheinungsformen, die bei uns erst seit einigen Jahrzehnten auf Märkten und Speisezetteln anzutreffen sind, Auberginen (beide gehören zu den Nachtschattengewächsen oder *Solanaceae*) und schließlich Okra, ein Exot unter unseren Gemüsen, der in den letzten Jahren immer mehr Freunde findet und ein Malvengewächs *(Malvaceae)* ist.

Allen Fruchtgemüsen ist gemeinsam, daß sie als Schutz eine fleischige Hülle ausbilden, in der ihre Samen heranreifen können. Auf eben diese Hülle aber hat es der Gärtner und Esser abgesehen.

Obwohl das Angebot all dieser Gemüse den ganzen Sommer und darüber hinaus groß ist, wünschen sich doch viele, die meist in schönen, satten Farben prangenden Tomaten, Auberginen, Kürbisse und Okra im eigenen Garten heranwachsen zu sehen. Nicht nur weil man dann jederzeit Zugriff zu ganz frischen, saftigen Früchten hat, sondern auch, weil man weiß, welchem Boden und welchen Zusätzen sie ihre Wuchskraft verdanken.

Alle Fruchtgemüse aber – und das setzt der gärtnerischen Begeisterung für Eigenbau gewisse Grenzen – stammen eigentlich aus wärmeren Regionen und sind auf viel Sonne und einen geschützten Platz angewiesen, um sich befriedigend zu entwickeln.

Ihr Anbau muß deshalb sorgfältig geplant und vorbereitet werden. Da Fruchtgemüse sämtlich reiche Vitamin- und Mineralstoffspender sind, lohnt es sich, ihnen optimale Wuchsbedingungen zu geben. Sie alle brauchen, mit Ausnahme der weniger anspruchsvollen Zucchini, einen besonders warmen und geschützten Platz im Garten und legen Wert auf viel Licht und Sonne. Der Boden muß ihnen sorgfältig und liebevoll bereitet werden, damit er locker, nicht zu schwer und schnell erwärmbar ist. Er soll zwar eine gute Wasserhaltekraft haben, also stetige Feuchtigkeit gewährleisten, aber doch nicht vernäßt sein. Staunässe halten diese Zuzügler aus südlicheren Gefilden einfach nicht aus. Gut bedient sind sie mit verrottetem Stallmist und mit reichlichen Gaben von reifem Kompost. Welche zusätzlichen Mineralstoffe von den Pflanzen noch benötigt werden, hängt von den Bodenverhältnissen im eigenen Garten ab, die man – wie schon erwähnt – am besten durch Analyse von einer oder mehreren Bodenproben kennenlernt.

Kürbis

Früher wurde in unseren Breiten allein der sogenannte Riesenkürbis angebaut, der meist seinen Platz auf oder in der Nähe des Komposthaufens bekam. Mit einem solchen Standort ist er sehr zufrieden, weil sich die Pflanze dort mit allem versorgen kann, was sie zur Ausbildung ihrer wahrlich riesigen Früchte braucht.

Nur um eine ausreichende Versorgung mit möglichst abgestandenem Wasser muß man sich kümmern. Alljährlich zur Erntezeit gehen Rekordmeldungen von Kürbis-Übergrößen durch die Presse. Den Weltrekord hält derzeit ein 380 kg schwerer kanadischer Riesenkürbis.

Man sät am besten ab Ende April ein paar Samen in Blumentöpfe, die nur etwa zur Hälfte mit Anzuchterde gefüllt sind. Sobald sich die Keimlinge zu kleinen Pflanzen mit mindestens 3 Blättchen entwickelt haben, entfernt man alle Pflänzchen bis auf die kräftigste, denn mit einer einzigen Pflanze hat man genug für den Familienbedarf an Riesenkürbissen. Erst

Die ertragreichen Tomatenpflanzen sollten unbedingt aufgebunden werden.

nach den Eisheiligen kommt die schon im Topf etwas abgehärtete Pflanze ins Freiland respektive auf den Kompost. Sie wird sich mit ihren langen Ranken über mehrere Quadratmeter ausbreiten und sollte nicht mehr als 4 oder 5 Früchte ernähren. Um Bodenabdeckung und Nährstoffe braucht man sich nicht mehr zu kümmern, dicht an dicht breitet sich das üppige Blattwerk aus.

Für eine Mischkultur sind Riesenkürbisse kaum geeignet, weil sie selbst Pflanzen, mit denen sie sich eigentlich gut vertragen – wie Erbsen, Bohnen, Salat – allzu bald überwuchern. Die Ernte der voluminösen Früchte beginnt im Oktober, also auf jeden Fall vor dem ersten Frost. Wer sie nicht gleich zu Marmelade verarbeiten oder sauer einlegen will, kann die Früchte noch wochenlang im Keller lagern.

Ein solcher Riesenkürbis kann bis zu 100 kg Gewicht erreichen.

Oben: In den tropischen Regionen Amerikas ist der Kürbis beheimatet.

Unten: Aufgrund seines dichten Blattwerks ist der Riesenkürbis auch eine dekorative Zierpflanze.

Bewährte Sorten sind ‚Gelber Zentner' mit saftig-gelbem Fruchtfleisch, der sich gut hält, und ‚Riesen Melonen' mit genetzten Früchten, die bis zu 50 kg schwer werden, wenn man ihnen gute Bedingungen bietet.

Oben: Zucchinis sind eng mit dem Kürbis verwandt.

Unten: Zucchini brauchen einen sonnigen Platz und nährstoffreichen Boden.

Zucchini

Obwohl dieses Kürbisgewächs über keinen kräftigen Eigengeschmack verfügt, werden die länglichen Früchte für Gemüsegerichte und Salate sehr geschätzt. Nachdem sie zunächst bei uns nur importiert wurden, haben sie sich seit Jahren auch in heimischen Gemüsegärten durchgesetzt, wo sie schier unermüdlich blühen und fruchten und schon zwei oder drei Pflanzen eine ganze Familie den Sommer über versorgt.

Da Zucchinipflanzen frostempfindlich sind, empfiehlt sich eine Vorkultur auf dem Fensterbrett oder im warmen Frühbeet. Ins Freiland kommen die kräftigsten Pflänzchen dann in der zweiten Maihälfte. Wer gleich ins Beet säen will, muß ebenfalls bis Mitte Mai warten. Ab Ende Juli kann bei günstigen Wetterbedingungen bereits mit erntereifen Früchten gerechnet werden. Besonders zart und wohlschmeckend sind Zucchini von 10–20 cm Länge. Aber auch größere Exemplare ergeben noch gute Gemüsegerichte.

In Mischkultur vertragen sich Zucchini mit Stangenbohnen und Basilikum recht gut. Es gibt inzwischen viele nicht rankende Sorten, die grüne oder goldgelbe Früchte hervorbringen.

Wie alle anderen Kürbisgewächse wünschen sich Zucchini humosen Boden, der sich rasch erwärmt, also auf keinen Fall schwer und kalt ist. Die Pflanzen sind aber gegen Kälte und Nässe während der Vegetationsperiode nicht besonders empfindlich, passen sich also an die Gegebenheiten in Mitteleuropa sehr gut an. Auf jeden Fall aber brauchen sie einen möglichst gut besonnten Platz; falls sie den Kompost besiedeln, sind sie mit Nährstoffen ausreichend versorgt.

Ein Problem im kleinen Gemüsegarten ist der große Platzbedarf, denn man rechnet pro Pflanze einen Standraum von 1,5–2 Quadratmeter.

Andere Kürbisse, die auch bei Hobbygärtnern immer beliebter werden, sind der Patisson-Kürbis mit seinen an »Fliegende Untertassen« erinnernden Früchten und der Spaghettikürbis, dessen Fruchtfleisch beim Kochen in spaghettiähnliche Fäden zerfällt. Die rankenden Sorten kann man an Zäunen oder Gittern emporwachsen lassen.

Gurke

Seit dem Spätmittelalter wird die Pflanze mit den saftigen grünen Früchten bei uns kultiviert; ihre Heimat aber liegt wahrscheinlich auf dem indischen Subkontinent. Auch sie braucht viel Wärme und einen vor kaltem Wind geschützten Platz. Der Boden sollte luftdurchlässig, locker und leicht bis mittelschwer sein. Je mehr Humus er enthält, desto besser. Mit Stallmist und Kompost angereicherte Erde bekommt den Pflanzen besonders gut. Mit Mineraldünger aber muß man vorsichtig sein. Etwas Algenkalk, aber auch Stein- und Knochenmehl fördern die Bereitschaft zu blühen und zu fruchten.

In das Beet, das im kommenden Frühjahr mit Gurken besetzt wird, sollte bereits im Herbst frischer Stallmist eingebracht werden. Der Boden muß tiefgründig gelockert sein, damit die sehr langen Gurkenwurzeln sich ausbreiten können.

Die Anzucht von jungen Gurkenpflänzchen beginnt frühestens Ende April auf dem Fensterbrett oder im Frühbeet, und man legt jeweils einige Samen in mit Erde halbvolle Töpfe.

Oben links: Gurken aus eigenem Anbau: eine wohlschmeckende Zutat für die Salatküche.

Links: Warm, sonnig und windgeschützt muß der Standort für Gurkenpflanzen sein.

Erst wenn das dritte Keimblatt erschienen ist, füllt man mit weiterer Erde auf. Nur die kräftigsten Pflanzen werden in der zweiten Maihälfte ins vorbereitete Beet gesetzt. Der Abstand von Pflanze zu Pflanze sollte etwa 1 m betragen.

Beim Gießen muß man auf die Empfindlichkeit der Pflanzen gegen zu kaltes Wasser Rücksicht nehmen. Am besten sammelt man Regenwasser für sie in einer Tonne.

Außer Salatgurken, die man ab Hochsommer regelmäßig ernten kann, werden auch die kleinen Einlegegurken angebaut, die nicht geschält zu werden brauchen. Man muß die 3–10 cm langen Gürkchen regelmäßig abernten. Die Gurkenernte sollte so früh wie möglich beginnen, weil der Ertrag der Pflanzen dann größer ist.

Gurken vertragen sich nicht mit Kohlpflanzen, Tomaten und Radieschen, mögen aber Erbsen, Bohnen, Sellerie und Salat in ihrer Nachbarschaft; auch Dill, den man ja zum Einlegen brauchen kann, ist ein guter Begleiter für Gurkenpflanzen. Damit der gefürchtete Mehltau den Pflanzen nichts anhaben kann, sollte man sie nicht zu dicht setzen. Befallene Blätter müssen sofort entfernt werden.

Oben: Mit der Gurkenernte sollte so früh wie möglich begonnenwerden, weil der Ertrag dann höher ist.

Rechts: Im Gewächshaus reifen die Gurken schneller und sind früher erntereif.

Bewährt hat sich der Anbau auf schwarzer Mulchfolie, die viele kleine Schlitze aufweist. Man breitet sie – 1 m breit – über das für die Gurken vorbereitete Beet und bringt in der Mitte der Länge nach Kreuzschnitte darin an, in die man Jungpflanzen einsetzt. Die Folie verhindert nicht nur, daß Unkraut aufkommt, sondern bewirkt vor allem, daß der Boden warm und feucht bleibt, was dem Wachstum der Pflanzen zugute kommt. Die Ertragskraft wird so beträchtlich erhöht. Viele ertragreiche Gurkensorten zum Einlegen und für Salate werden heute angeboten.

Für Salat:
'Moneta', 'Tanja', 'Highmark II', 'Hoffmanns Giganta', 'Sprint', 'Fatum', 'Aphrodite', 'Gisela' (Schälgurke)

Zum Einlegen:
'Bidretta', 'Hok', 'Ilonca', 'Osiris', 'Wilma', 'Olympia'

Tomate

Erst mit Kolumbus sind die ersten Tomatenpflanzen nach Europa gekommen. Hier baute man sie zunächst als Zierpflanzen an und genoß die Schönheit der leuchtendroten Früchte allein mit den Augen. In Deutschland fand sie als Nahrungsmittel erst in unserem Jahrhundert Verbreitung. Inzwischen ist sie aus unseren Küchen und Gärten nicht mehr wegzudenken. Sie liefert Vitamine und Mineralstoffe. Am besten schmeckt sie frisch geerntet aus dem Garten, wird aber in Form von Treibhausware das ganze Jahr über angeboten.

Als Pflanze aus südlichen Gefilden braucht die Tomate im Garten den allersonnigsten und wärmsten Platz, am besten im Schutz einer Wand oder Gartenmauer.

Oben: Sehr sonnig und warm muß der Standort sein, um solche Erträge zu haben.

Oben Mitte: Zwillingsfrüchte der Tomate.

Rechts: Selbstgezogene Tomaten bringen an einem gut geschützten Platz so üppige Früchte hervor.

Der Boden sollte reich an Nährstoffen, locker und durchlässig sein. Am besten wird schon im Herbst frischer Stallmist eingearbeitet. Anders als die meisten Gemüse können Tomaten Jahre hindurch am selben Standort kultiviert werden, wenn dieser sich vom Kleinklima her als günstig erwiesen hat. Für reichliche Kompostgaben, denen man auch etwas Steinmehl beifügen sollte, sind sie gleich nach der Pflanzung besonders dankbar. Danach muß man die Pflanzen zu kräftiger Entwicklung kommen lassen und die Düngung auf ein Minimum begrenzen, weil sonst die Blüten- und Fruchtentwicklung leidet.

Noch im letzten Jahrhundert wurden Tomaten nur wegen ihres Zierwertes bei uns kultiviert.

Lösungen aus Horn- oder Knochenmehl, aber auch Pflanzenjauche haben sich ab Juli in Abständen von 3 Wochen als günstig erwiesen.

Tomaten, die später eine Stütze brauchen, bekommen diese schon vor der Pflanzung verpaßt, damit das Wurzelwerk später nicht mehr gestört wird. Bei Tomaten, die an Stäben gezogen werden, läßt man nur den Haupttrieb stehen. Alle sich in den

Blattachseln entwickelnden Triebe müssen von Zeit zu Zeit entfernt werden; man nennt das ausgeizen.

Tomaten-Jungpflanzen zieht man sich im allgemeinen nicht selbst aus Samen heran. Man besorgt sich vielmehr kräftige Pflänzchen der gewünschten Sorte und setzt sie in der zweiten Maihälfte an den vorgesehenen Platz. Pflanzen, die an Stäben hochwachsen, müssen immer wieder angebunden werden.

Damit der Boden um die Pflanzen, die einen Standraum von etwa 50 x 60 cm brauchen, gleichmäßig feucht bleibt, läßt man die ausgegeizten Triebe unter den Pflanzen liegen und gibt auch anderes Mulchmaterial dazu. Wenn Wassergaben notwendig sind, sollte man nur temperiertes, abgestandenes Wasser verwenden und nicht auf einmal zu reichlich gießen.

Gaben von Horn- und Knochenmehl sowie Pflanzenjauche steigern Qualität und Entwicklung der Tomatenpflanzen.

Hat man den Tomaten in seinem Garten keinen Platz zu bieten, an dem sie vor kaltem Wind und Zugluft geschützt sind, lohnt es sich, Tomatenhauben für sie anzuschaffen. Sie sollen allerdings keineswegs ihre ganze Vegetationszeit darunter verbringen, weil sie dann allzu leicht von Pilzen befallen werden. Man schützt vor allem die Jungpflanzen in den ersten 4–6 Wochen an kalten Tagen und in kühlen Nächten damit. Dann werden die Pflanzen bis Ende August ungeschützt der Sonne ausgesetzt; erst später werden die Hauben bei Bedarf wieder übergezogen, damit die Früchte, unbeeinträchtigt von Schlechtwetter und Kälteeinbrüchen, zur Reife kommen.

Freilandtomaten, die nicht mehr draußen reifen, kann man auch grün ernten und dann aufs Fensterbrett legen, bis sie schön rot sind.

Außer den erwähnten Stabtomaten gibt es die dicken Fleischtomaten, Buschtomaten, die sich auch für Kübel und Balkonkästen eignen, und die reizvollen Cocktailtomaten, mit denen sich Salatplatten und andere Gerichte so hübsch dekorieren lassen.

Von allen werden verschiedene Sorten angeboten:

Stabtomaten: ‚Planet‘, ‚Matina‘, ‚Frühzauber‘, ‚Estrella‘, ‚Freude‘; gelbe Früchte trägt ‚Sonnenschein‘

Buschtomaten: ‚Balkonstar‘, ‚Rentita‘, ‚Kremser Perle‘, ‚Lycoprea‘, ‚Heinemanns Jubiläum‘

Fleischtomaten: ‚Sperlings Rodeo‘, ‚Supermarmande‘, ‚Amfora‘, ‚Master‘, ‚Vision‘.

Cocktailtomaten: ‚Piccolo‘, ‚Tiny Tim‘, ‚Evita‘, ‚Mirabell‘, ‚Gartenfreude‘

Paprika

Wie die Tomaten gehören auch Paprikapflanzen zu den Nachtschattengewächsen, und wie diese wurden sie aus der Neuen Welt nach Europa eingeführt. Hier nahmen sie ihren Weg von Spanien über die Mittelmeerländer bis zum Balkan und kamen dann erst über Ungarn, Bulgarien und Rumänien nach Mitteleuropa. Sie haben nicht nur geschmacklich und an Würzkraft viel zu bieten, sondern sind auch Stars unter den Vitamin-C-Lieferanten. Kein anderes Gemüse enthält so viel davon.

Nicht von ungefähr liegen die Hauptanbaugebiete der dekorativen Früchte, die es in glänzendem Grün, Gelb und Rot gibt, in den Ländern Südosteuropas. Sie brauchen in unseren Gärten noch mehr Wärme und Windschutz als die Tomaten und gedeihen nur unter optimalen Bedingungen. Am besten setzt man sie an eine Haus- oder Gartenmauer, auf

Ganz oben: Auch in einfachen Blumentöpfen ist die Tomatenzucht unproblematisch.

Oben: Auch für Kübel und Balkonkästen eignen sich diese Fleischtomaten.

Statt die Pflanzen selbst anzuziehen, kauft man sich besser kräftige Jungpflanzen, die unbedingt mit Ballen und möglichst tief eingesetzt werden; die Pflanzung erfolgt nicht vor Anfang Juni. Eine Mulchschicht sorgt für gleichmäßige Feuchtigkeit um die Pflanzen. Beim Gießen mit abgestandenem Wasser sollte nur der Boden, nicht aber die Pflanze benetzt werden.

Wie den Tomaten tut auch den Paprikapflanzen an kühlen, windigen Sommertagen eine Folienhaube oder ein Foliendach gut, das genügend Luft an die Pflanzen läßt, ihnen aber Regenschutz gewährt.

Gedüngt wird erst nach der Blüte, wenn der Fruchtansatz beginnt. Bewährt haben sich verdünnte Beinwell- oder Brennesseljauche. Paprika sind sehr empfindlich gegen Mineralsalze. Hochwachsende Sorten von Gemüsepaprika brauchen Stützstäbe, damit sie nicht abknicken, sobald die ersten Früchte erscheinen.

Mit der Ernte kann man meist im August anfangen. Man kann die ausgewachsenen Früchte grün abnehmen, sie aber auch an der Pflanze gelb oder rot werden lassen, vor allem wenn nur wenige Schoten zur Ernte anstehen.

die den ganzen Tag die Sonne scheint. Auch an den Boden stellen Paprikapflanzen ganz besondere Ansprüche. Er muß locker und humos sein und Wasser gut durchlassen. Am besten wertet man ihn vor der Pflanzung mit sehr gut verrottetem Stallmist und mit reifem Kompost auf.

Oben: Sehr anspruchsvoll sind die Paprikapflanzen in bezug auf die Bodenqualität.

Rechts: Weltweit wird Capsicum annuum als mildes Gemüse angebaut.

Seite 84: Gewürzpaprika gedeiht nur in warmen Gegenden.

Der scharfe Gewürzpaprika kann in unseren Breiten kaum angepflanzt werden, da er noch wärmebedürftiger und empfindlicher ist als der Gemüsepaprika.

Das Angebot an Paprikasorten, die in unseren Gemüsegärten gedeihen, ist heute schon beträchtlich. Am besten hält man sich an die folgenden *frühen Sorten:*

'Topgirl' (rot), 'Sperlings Merit' (grün), 'Puszta Gold' (gelb), 'Golden Hit' (dunkelgrün)

Mittelfrühe und *mittelspäte Sorten* sind:

'Yolo Wonder' (grün), 'Liebelapfel' (Tomatenpaprika)

Späte Sorte:

'Szegediner'

Die mittelspäten und späten Sorten kommen nur unter besonders günstigen klimatischen Bedingungen oder als Kübelpflanzen bzw. unter Folienabdeckung oder im Gewächshaus zur Reife.

Oben: Auch an windigen Sommertagen benötigt Paprika einen Schutz durch ein Foliendach.

Rechts: Gemüsepaprika gibt es in Gelb, Rot und Grün.

Aubergine

Zu Hause ist die schöne, violettglänzende Frucht in den tropischen Regionen Indiens, und sie hat sich bei uns erst in den letzten zwei Jahrzehnten zu einer beliebten Gemüsepflanze entwickelt. Sie gedeiht hier nur in warmen Gebieten, zum Beispiel im Weinbauklima.

Wer sich an ihren Anbau wagen möchte, muß ihr einen ganztägig sonnigen, gut windgeschützten Platz zu bieten haben, denn die Empfindlichkeit der auch Eierfrucht genannten Aubergine übersteigt noch die von Paprika und Tomaten. Im Zweifelsfall ist sie besser in einem Kübel auf der Terrasse oder auf einem Südbalkon aufgehoben, wo sie zum Schutz vor kaltem Wind auch einmal den Platz wechseln bzw. abgeschirmt werden kann. Allerdings muß der Kübel tief genug sein, denn die langen Wurzeln reichen weit ins Erdreich.

Auf lockerem, tiefgründigem, nicht zu schwerem Boden, der gut mit verrottetem Rindermist gedüngt ist, können die Jungpflanzen, die man besser kauft als selbst heranzieht, ab Anfang Juni im Abstand von 60 x 60 cm gesetzt werden. Günstig ist die Be-

deckung des Bodens mit schwarzer Mulchfolie, in die man kreuzweise Schlitze schneidet. Die Pflänzchen werden hineingesetzt und sind vor aufkommendem Unkraut ebenso geschützt wie vor zu trockenem und zu kaltem Boden. Für kühle Frühsommernächte sollte man zusätzlich eine Vliesabdeckung zur Hand haben.

Damit die bis 1 m hoch wachsenden Pflanzen, die an Stäbe gebunden werden müssen, gut tragen, sollten nicht mehr als 3 Haupttriebe stehen bleiben, auf denen nur insgesamt 5–6 Früchte heranreifen dürfen, weil sonst die Pflanze überfordert ist. Zur Reife kommen die glänzenden Früchte meist erst Anfang September.

Geeignete Sorten sind die fast schwarze ‚Black King', die tiefblaue ‚Adona' oder auch ‚Lange Violette', ‚Blacky', ‚Bonica' und ‚Tania'.

Erst seit kurzer Zeit wird die Aubergine bei uns als Gemüsepflanze kultiviert.

Blatt- und Stielgemüse

Natürlich bekommt man den beliebten Spinat und auch den erst im letzten Jahrzehnt wieder richtig zu Ehren gekommenen Mangold auch tiefgefroren in guter Qualität; aber es geht doch nichts über die taufrische Ernte im eigenen Garten. Anspruchsloser als Spinat ist die bescheidene Melde, deren Kultur besonders problemlos ist und die sich wie Spinat zu würzigfrischen Gemüsegerichten verarbeiten läßt. Alle drei gehören übrigens zur Familie der Gänsefußgewächse *(Chenopodiaceae).* Auch Neuseeländer Spinat, ein Eiskrautgewächs, bereitet man ähnlich zu. Der Zuzügler aus tropischen Regionen, der bereits im 18. Jahrhundert in Europa kultiviert wurde, erfreut sich seit einigen Jahren wieder zunehmender Beliebtheit.

Spinat

Neben den verschiedenen Salaten gehört Spinat zu den ersten Gemüsen, die im Frühjahr aus dem Garten frisch auf den Tisch kommen. Und er hat dazu noch eine Menge zu bieten. Spinat enthält reichlich Vitamine und Mineralstoffe. Sein gesundheitlicher Wert wird dennoch gelegentlich in Frage gestellt; das hat mit seinem relativ hohen Gehalt an Oxalsäure, vor allem aber damit zu tun, daß ein hoher Mineralstoffgehalt im Boden den Spinat weniger gut verträglich macht. Beim Düngen des Spinatbeetes sollte man deshalb sehr zurückhaltend sein. Am besten bekommt verrotteter Kompost den Pflanzen, während auf Mineraldünger, aber auch auf Stallmist vor dem Anbau verzichtet werden sollte.

Zu den Blatt- und Stielgemüsen gehört der vitaminreiche Spinat.

Spinat braucht durchlässigen, lockeren Boden und gedeiht am besten auf einem sonnigen Beet. Er verträgt sich in Mischkultur gut mit Möhren, Radieschen und Kartoffeln, nicht aber mit Fruchtgemüsen wie Zucchini oder Gurken. Er sollte nicht mehrmals am selben Platz angebaut werden und auch nicht dort, wo im letzten Jahr andere zu den Gänsefußgewächsen gehörende Gemüse gestanden haben, zum Beispiel Rote Bete oder Mangold.

Die frühen Spinatsorten werden bereits ab Ende Februar bis Ende April in Folge gesät, so daß man viele Wochen im Frühjahr mit frischen Blättern versorgt ist. Die Spinatreihen sollten von Anfang an durch leichtes Hacken von Unkraut frei- und die Erde lockergehalten werden. Damit die Salatpflanzen nicht zu früh zu schossen beginnen, müssen sie reichlich gegossen werden.

Da es sich beim Spinat um eine sogenannte Langtagspflanze handelt, wird dieses Gemüse nicht im Sommer angebaut, denn wenn die Tage lang sind, beginnt der Spinat Blütenstände auszubilden. Das aber mindert die Qualität der Blätter. So beginnt man erst wieder im August mit der Aussaat. Es gibt auch Sorten, die in der

Der Neuseeländer Spinat liefert äußerst hohe Erträge.

Bereits ab Ende Februar kann Spinat ausgesät werden.

zweiten Septemberhälfte gesät werden und unter einer Mulch- und Reisigdecke überwintern. Von ihnen kann man im zeitigen Frühjahr ernten.

Sorten für den Anbau im Frühjahr und Herbst:

‚Vitesse', ‚Hermes', ‚Taurus', ‚Attica', ‚Tribute', ‚Matador', ‚Jaguar'

Sorten für den Anbau zur Überwinterung:

‚Monnopa', ‚Butterfly', ‚Hiverna', ‚Subito'

Mangold

Von diesem Gemüse, das über die Feinschmeckerküche wieder Einzug in unsere Gärten gehalten hat, gibt es zwei Varietäten. Von der einen, dem Blattmangold, erntet man den ganzen Sommer über und bis in den Winter hinein die grünen Blätter, die wie Spinat zubereitet werden. Die Varietät Stielmangold bildet dicke, fleischige Stiele in Weiß, Rötlich oder Rot aus. Diese Stiele behandelt man wie Spargel, d. h. alle Spargelrezepte passen auch für dieses Stielgemüse.

Mangold, eine Pflanze, die im östlichen Mittelmeerraum beheimatet ist, bevorzugt einen sonnigen, begnügt sich aber auch mit einem halbschattigen Platz und verträgt sich gut mit verschiedenen Kohlgemüsen sowie mit Möhren. Der Boden soll nicht zu leicht und möglichst tiefgründig sein. Wie beim Spinat muß mit Mineraldüngern äußerst sparsam umgegangen werden, damit sich in den Stielen und Blättern nicht schädliches Nitrat anreichert. Die Werte für Oxalsäure können bei Mangold sogar noch höher sein als bei Spinat.

Am besten wird der Boden mit verrottetem Kompost versorgt, bevor es an die Aussaat geht.

Man sät nicht früher als in den letzten Apriltagen mit einem Reihenabstand von ca. 30 cm und vereinzelt die Pflanzen später auf etwa 5 cm Abstand. Sie werden in den nächsten Wochen unkrautfrei gehalten und gehackt. Ab Ende Juni kann Blattmangold geerntet werden; man schneidet oder bricht nur die äußeren Blätter ab, weil sich die Pflanzen von innen erneuern. Stielmangold benötigt einen größeren Abstand im Beet (35 cm in der Reihe, ebenso viel zwischen den Reihen). Bis zur Erntereife brauchen die Pflanzen 2–3 Monate. Auch hier werden zuerst die äußeren großen Blätter geerntet. Mit 8–10 Pflanzen deckt man bereits den Bedarf eines 4-Personen-Haushalts.

Da Mangold eine zweijährige Pflanze ist, kann man die Pflanzen unter einer warmen Abdeckung aus Laub, Mulch und Reisig gut überwintern. Dann gibt es schon im Frühjahr wieder frisches Gemüse zu ernten.

Vom Stielmangold verwendet man in der Küche die Stiele und bereitet sie wie Spargel zu.

Ganz oben: Stielmangold.

Oben: Der Abstand zwischen den Mangoldpflanzen sollte 30 cm sein.

Gute Sorten für Blattmangold sind: ‚Krauser Silber', ‚Gelber Schnitt', ‚Grüner Schnitt'

Geeignete Stielmangoldsorten: ‚Lyon', ‚Glatter Silber', ‚Walliser', ‚Genfer Spezial', ‚Rhubarb'.

Melde

Schon in der griechischen und römischen Antike zählte die Gartenmelde zu den besonders geschätzten Gemüsen. Man bereitet die zarten Blätter wie Spinat zu.

Die Pflanzen sind bescheiden in ihren Ansprüchen und gedeihen auch auf ärmeren Böden, die allerdings einigermaßen leicht sein sollten. Sie müssen während der Wachstumszeit gleichmäßig feucht gehalten werden. Wie bei Spinat und Mangold wird der Boden vor der Aussaat mit gut verrottetem Kompost angereichert. Man sät im zeitigen Frühjahr oder im Frühherbst aus (25 cm Reihenabstand). Die Pflanzen werden dann vereinzelt und in den folgenden Wochen von Unkraut freigehalten. Die Ernte kann beginnen, wenn sie 12–15 cm hoch sind. Wenn man nur einzelne Blätter abzupft statt radikal zu schneiden, entwickelt sich mehrfach frisches Blattgrün, falls das Beet stets gründlich gewässert wird. Sobald die Blüten erscheinen, ist die Ernte beendet, weil die Blätter dann zuviel Bitterstoffe enthalten.

Es gibt Sorten mit grünen, gelblichen und rötlichen Blättern.

Neuseeländer Spinat

Weniger bekannt als Spinat und Melde, werden doch die Blätter dieser aus fernen, pazifischen Regionen stammenden Pflanze ebenso zubereitet wie diese. Auch ihr Geschmack erinnert stark an den von Spinat.

Die Pflanzen gedeihen am besten auf nährstoffreichem, mit Kompost gedüngtem, tiefgründigem Boden; sie bevorzugen einen sonnigen, nehmen aber auch mit einem halbschattigen Platz vorlieb. Da er kälteempfindlich ist, muß Neuseeländer Spinat im Gewächshaus, Frühbeet oder in einer Saatschale am Fensterbrett vorgezogen werden. Die Pflänzchen kommen dann in der zweiten Maihälfte, wenn kein Kälteeinbruch mehr droht, ins Freie. Der Abstand zwischen den Pflanzen muß mit 60 x 50 cm recht groß sein. Regelmäßiges Lockern des Bodens fördert das Wachstum. Ab Juli kann man die weichen Triebspitzen mit den frischen Blättern fortlaufend ernten.

Oben: Aus dem pazifischen Raum stammt der Neuseeländer Spinat.

Wurzeln und Knollen – auch für den Winter

Wurzelgemüse wie Möhren, Rettich oder Radieschen liefern uns den ganzen Sommer über frische Zutaten für die Salatschüssel, im Herbst folgen dann Knollensellerie, und Rote Rüben versorgen uns mit vitamin- und mineralstoffreichem Gemüse für die kalte Jahreszeit.

Möhre

In ihrer Heimat in Zentralasien hat sich die Möhre im Laufe der Zeit entwickelt. Es war ein langer Weg von den Urformen über die gelben und weißen Rüben bis zu unserer heutigen Gartenmöhre. Dieses Gemüse ist vor allem deshalb im Garten wichtig, weil es auf so vielfältige Weise zuzubereiten ist und weil es eine Menge Vitamine, vor allem das wertvolle Provitamin A, enthält; dieses Vitamin kann übrigens nur vom Körper verwertet werden, wenn man die Möhren zusammen mit Fett, zum Beispiel Sahne, Butter, Salatöl, zu sich nimmt. Darüber hinaus enthalten Möhren auch verschiedene Mineralstoffe wie Calcium, Kalium, Magnesium u. a.

Wichtig ist, daß die Möhre während ihrer Entwicklung lockere, gut zu durchdringende Erde, die im Herbst grobschollig umgegraben wurde, vorfindet. Der Boden sollte deshalb vor dem Einsäen mit reichlich Kompost verbessert und sorgfältig bearbeitet werden, damit nicht Steine oder sonstige Hindernisse den Möhren im Weg liegen.

Bereits Anfang März können sie gesät werden, da sie zum Keimen keine hohen Temperaturen brauchen. In sinnvoller Mischkultur werden sie beispielsweise mit Zwiebeln, Porree, Knoblauch oder Sellerie angebaut; nur Rote Bete mögen sie nicht in ihrer unmittelbaren Nachbarschaft.

Sobald die Pflänzchen auflaufen, müssen sie vereinzelt werden (auf 2 cm Abstand), weil die Möhren bei zu dichtem Stand klein und kümmerlich bleiben. Die ersten Möhren aus der Frühjahrseinsaat sollten gleich frisch zubereitet und gegessen werden. Für den Wintervorrat sind die späteren Sorten, die man im Mai und Juni sät, besser geeignet.

Oben: Vitamin- und nährstoffreiches Wurzelgemüse: Möhren.

Links: Schon seit dem 12. Jahrhundert ist die Möhrenkultur in Europa bekannt.

Seite 93: Möhren gehören zu den Gemüsearten, die als nährwertreiches Gemüse schon Kleinstkindern gegeben werden.

Während der ganzen Wachstumszeit brauchen die Pflanzen gleichmäßige Feuchtigkeit; allerdings sollen sie nicht auf einmal reichlich gegossen werden. Größere Exemplare könnten sonst platzen, auch leidet der Geschmack unter zuviel Wasser.

Mittelfrühe Sorten:
‚Nantaise‘, ‚Nandor‘, ‚Rotin‘, ‚Tip Top‘, ‚Marimba‘
Späte Sorten:
‚Rote Riesen‘, ‚Sperlings Senta‘, ‚Rothild‘, ‚Bauers Kieler Rote‘, ‚Lange rote stumpfe ohne Herz‘

Die Ernte erfolgt bei frühen Sorten 3–4 Monate, bei mittelfrühen und späten Sorten 4–5 Monate nach der Aussaat; vor allem für die Vorratshaltung bestimmte Möhren läßt man möglichst lange stehen.

Je nachdem, ob man früh (Februar bis April), mittelfrüh (März bis Anfang Juni) oder spät (Ende April bis Mai) aussäen will, verwendet man unterschiedliche Sorten.

Frühe, runde Sorten (Karotten):
‚Pariser Markt‘, ‚Planet‘, ‚Rubin‘, ‚Kundulus‘, ‚Signal‘
Frühe längliche Sorten:
‚Suko‘, ‚Gonsenheimer Treib‘, ‚Amsterdamer Treib‘

Oben:
Während der Entwicklungszeit benötigen Möhren lockeren Boden.

Rote Bete

Seit Jahrhunderten gilt die aus dem Mittelmeerraum zu uns gekommene Rote Bete (sie wird auch Rote Rübe oder Rande genannt) als heilkräftig.

Mit ihrem Fundus an Mineralstoffen und Vitaminen kurierte man seit alters her Mangelerkrankungen aller Art, aber auch bei Grippe- und sonstigen Epidemien kam sie zum Einsatz. Es lohnt sich also, ihr im Gemüsegarten ein Beet bzw. einige Reihen zu reservieren, zumal sie sich beispielsweise mit Salat, Gurken, Kohlrabi, Zwiebeln und allerlei Kräutern wie Dill und Bohnenkraut in Mischkultur gut verträgt.

Unerwünschte Nachbarn für sie sind Kartoffeln, Porree oder Möhren.

Der Boden für die relativ bescheidene Pflanze sollte tiefgründig, humos und nicht zu schwer sein und gut die Feuchtigkeit halten; als Standort braucht sie einen Sonnenplatz. Mit Steinmehl, Hornmehl und etwas Kali sowie reichlich Kompost versetzter

Oben:
Rote Bete wirken Mangelerscheinungen bei der Ernährung entgegen.

Links: Vor allem ihr Vitamin- und Mineralstoffgehalt macht die roten Beten so nahrhaft.

Boden bekommt ihr am besten. Später, wenn die Pflanzen 10–15 cm hoch sind, empfiehlt sich eine Flüssigdüngung mit Hornmehl. Einem recht oft zu beobachtenden Mangel an Bor, der sich in rissiger Schale und schwarzen Flecken auf den Knollen äußert, beugt man mit einer Boraxlösung (2 Messerspitzen auf 5 l Wasser) vor. Hin und wieder kommt eine Prise Salz ins Gießwasser.

Rote Bete sollten nicht auf einem Beet kultiviert werden, auf dem im vorangegangenen Jahr Spinat oder Mangold gestanden haben.

Obwohl Rote Bete nicht besonders kälteempfindlich sind, erfolgt die

Diese gute Ernte der Roten Bete setzt eine intensive Pflege voraus.

Aussaat erst Anfang Mai. Der Samen muß einige Zentimeter tief im Boden liegen. Die Jungpflanzen sollen später einen Abstand von 5–7 cm haben. Sie müssen mehrmals gehackt, und das aufkommende Unkraut sollte regelmäßig ausgezupft werden. Der Boden um die Pflanzen darf nicht austrocknen, weil sich sonst keine Rüben bilden.

Die im Mai gesäten Roten Bete kann man schon ab Juli ernten; sie sind zum baldigen Verbrauch bestimmt. Rüben, die man für den Winter lagern möchte, werden erst ab Mitte Juni gesät und können bis Mitte oder sogar Ende Oktober auf dem Beet bleiben. Man dreht die Blätter von den Rüben ab und legt die Knollen in eine Kiste mit feuchtem Sand und deckt sie auch mit Sand zu.

Rote Bete kann man roh und gekocht essen. Sommerrüben ergeben feine, gesunde Salate. Die Winterrüben können nach dem Kochen und Schälen wie Gurken sauer eingelegt werden. Wenn man besonders dekorative kleine Kugelfrüchte ernten möchte, muß man die Pflanzen etwas dichter in der Reihe stehen lassen; sie

Ganz oben: Im Mittelmeergebiet ist die Rote Bete beheimatet.

Oben: Als Knolle einer zweijährigen Pflanze wird die Rote Bete schon nach 1 Jahr geerntet.

werden dann nach dem Auflaufen auf nur 3 cm Abstand voneinander vereinzelt.

Für die Aussaat im April/Mai geeignete, runde Sorten sind:

'Rote Kugel', 'Juwakugel', 'Plattrunde Ägyptische', 'Rubidus'

Zur Überwinterung geeignete Sorten sind:

'Forono', 'Cylindra', 'Formanova'

Vor allem in Bayern wird der Radi in der Küche gerne verwendet.

Rettich

Schon die alten Ägypter wußten den Rettich, der zur Familie der Kreuzblütler zählt, sowohl wegen des Speisewerts als auch wegen der Heilkraft der Wurzeln zu schätzen; sie enthalten wertvolle Mineralstoffe und Vitamine.

Wichtig ist, daß die Pflanzen auf durchlässigem, lockerem, am besten mittelschwerem Boden stehen. Sie bevorzugen einen sonnigen Platz, die späten Sorten nehmen aber auch mit einem halbschattigen Standort vorlieb.

Rettich verträgt keinen mit Stallmist oder Kalk gedüngten Boden; im vorangehenden Herbst sollte aber dem für den Anbau vorgesehenen Boden Algenkalk zugesetzt werden. Günstig ist in jedem Fall eine Gabe von reifem Kompost kurz vor der Aussaat. Anfangs kommt der Rettich mit einer normalen Durchfeuchtung des Bodens aus; wenn sich die Wurzeln herausbilden und zu wachsen beginnen, wird etwas mehr Wasser gebraucht.

Bei der Aussaat sollte man von Anfang an darauf achten, daß die Pflanzen später nicht zu dicht stehen. Der Reihenabstand beträgt 25–30 cm, ausgedünnt wird die aufgegangene Saat auf 15–20 cm, damit die Wurzeln Platz zur Ausbreitung haben.

Scharf im Geschmack, aber dennoch gerne kultiviert: Rettich.

Wichtig für eine gute Rettichernte ist eine gute Sortenwahl.

Da schon ab März frühe Sorten gesät werden können, ist mit der ersten Ernte bereits ab Ende Juni zu rechnen. Im Sommer ausgesäter Rettich ist schon nach 2 Monaten erntefähig. Gesät wird bis Ende Juli oder sogar Anfang August. Die letzte Ernte kann dann Ende Oktober eingebracht werden, also bevor es stärkere Fröste gibt. Man schlägt die Wurzeln am besten in einer Kiste mit feuchtem Sand ein; sie halten sich bis Februar.

Zum Schutz vor der Rettichfliege empfiehlt sich eine Mischkultur mit Salat, Möhren, Kohl, Erbsen, Spinat und Kerbel. Auf keinen Fall sollten die Pflanzen auf einem Beet mit Zwiebeln oder Gurken stehen.

Der Platz, an dem Rettich angebaut wurde, soll im folgenden Gartenjahr nicht wieder mit Rettich und auch nicht mit anderen Kreuzblütlern besetzt werden. Damit beugt man einer weiteren Krankheit, der Rettichschwärze, vor, die besonders häufig auf vernäßtem Boden auftritt.

Wichtig ist, daß man für die Aussaat eine Sorte wählt, die dem jeweiligen Saattermin entspricht.

Für die erste Frühjahrsaussaat (ab März) eignen sich folgende Sorten:

‚Hilds Neckarruhm', ‚Rex', ‚Quick', ‚Rosa Ostergruß'

Radieschen aus dem eigenen Garten gibt es in ungewohnten Formen und Farben.

Für die Aussaat ab Mai geeignet sind:

‚Maikrone', ‚Main-Dreieck', ‚Halblanger weißer Sommer', ‚Minowase Summer Cross'

Empfehlenswerte Winterrettiche (Aussaat Mitte Juli):

‚Münchener Bier', ‚Hilds blauer Herbst und Winter', ‚Runder schwarzer Winter', ‚Langer schwarzer Winter'.

Radieschen

Für eine Reihe Radieschen ist eigentlich überall Platz. Sie eignen sich besonders gut als Zwischenkultur, denn sie brauchen zu ihrer Entwicklung im Frühjahr nur 6 Wochen, im Sommer werden sie sogar innerhalb von 4 Wo-

Zum Garnieren oder als Salatbeilage werden Radieschen gerne genutzt.

chen erntereif. Die kleine Kulturform des Rettichs wird schon seit einigen Jahrhunderten bei uns hoch geschätzt und ist als erste Frühjahrs-Frischkost aus dem Garten besonders beliebt.

Der Boden sollte für Radieschen nicht zu leicht sein, damit die Pflänzchen nicht schossen. Durchlässige, humose Erde bekommt ihnen am besten. Dazu ist gleichbleibende Feuchtigkeit wichtig, ohne daß das Beet naß ist. Vor dem Anbau wird der Boden mit reichlich Kompost verbessert.

Die erste Aussaat kann schon ab März erfolgen; auf keinen Fall sollte zu dicht gesät werden, weil sich dann keine Knollen, sondern nur üppiges Blattwerk bildet. Der Abstand in der Reihe beträgt etwa 3–5 cm. Der Samen wird nur 1 cm hoch mit Erde bedeckt.

Da Radieschen Kurztagpflanzen sind, bekommt ihnen im Frühjahr und dann auch wieder im Herbst ein Platz in der Sonne am besten, im Sommer gedeihen sie besser im Halbschatten. Bei Mischkultur sind sie neben Salat, Möhren, Zwiebeln oder Kohlrabi gut aufgehoben, Gurken mögen sie nicht in unmittelbarer Nachbarschaft.

Sorten für die Frühjahrsaussaat:
‚Rota‘, ‚Saxa‘, ‚Hilmar‘, ‚Karissima‘, ‚Eterna‘

Durchlässige und humose Erde benötigt das Radieschen. Zu leichter Boden führt zum Schossen.

Rechts: Wegen ihrer kurzen Reifezeit werden Radieschen gerne als Zwischenkultur angebaut.

Zur Sommeraussaat geeignet:

‚Raxe', ‚Sora', ‚Parat', ‚Eiszapfen', ‚Carnita', ‚Riesenbutter', ‚Knacker'

Für die letzte Aussaat im Herbst geeignet:

‚Neckarperle', ‚Hilmar', ‚Sperlings Kutara Hybride Typ 77'

Die Ansprüche, die die Speiserüben an Boden und Standort stellen, sind recht bescheiden; besonders gut entwickeln sie sich auf sandigen Böden. Eine Verbesserung des Bodens mit verrottetem Kompost ist auf jeden Fall günstig.

Knackig-frische, aromatische Radieschen.

müssen die Pflänzchen auf Abstände in der Reihe von 10–12 cm vereinzelt werden.

Herbstrüben sät man etwa Mitte August, um sie dann gegen Ende der Vegetationsperiode im Oktober zu ernten. Sie sind auf etwas größere

Speiserübe

Daß Rüben keineswegs nur Futter fürs Vieh, sondern ein vorzügliches Gemüse sind, haben schon die alten Römer gewußt. Und auch in mittelalterlichen Feinschmecker- und Alltagsrezepten spielten sie eine Rolle. Schließlich enthalten sie eine Menge wertvoller Inhaltsstoffe wie Vitamine, Mineralien, ätherisches Öl usw.

Wegen der kurzen Kulturzeit sind mehrere Aussaaten möglich. Die erste kann schon Ende März erfolgen; die Rüben werden dann bereits im Mai als sogenannte Mairüben geerntet. Nach dem Auflaufen der Saat

Abstände in der Reihe (20–25 cm) zu vereinzeln. Als Delikatesse gelten die ursprünglich vor allem in der Mark Brandenburg gezogenen Teltower Rübchen, die besonders zart sind.

Eine westfälische und rheinländische Spezialität ist das sogenannte Stielmus, das von besonders eng gesäten Speiserüben geerntete Blattgrün samt den Stielen. Es wird als deftiger Eintopf der Landschaftsküche zubereitet. Da von der Aussaat bis zur Erntereife nur kurze Zeit vergeht, ist Stielmus oder Rübstiel auch gut als Vor- oder Nachkultur einzusetzen.

Sorten, die sich für den Mairübenanbau eignen:

‚Schneeball', ‚Holländische Weiße', ‚Ping Pong', ‚Tokyo Cross'

Für den Herbstanbau geeignete Sorten:

‚Teutoburger', ‚Goldwalze', ‚Weseler'; ‚Teltower Kleine Märkische'

Sellerie

Die Heilkundigen im alten Ägypten und der Antike setzten die Knollen, aber auch die Blätter dieses Doldengewächses *(Umbelliferae)* bereits zur Heilung von rheumatischen Erkrankungen, Gicht und Nierenkrankheiten ein; außerdem galt Sellerie als Mittel zur Potenzstärkung. Als Gemüse erfreut er sich vor allem wegen seines würzig-kräftigen Geschmacks bis heute großer Beliebtheit.

Die Pflanzen, die man meist nicht selber anzieht, sondern besser vorgezogen kauft, sind nicht besonders anspruchsvoll, was Boden und Düngung angeht. Am besten gedeihen sie auf

Oben: Anspruchslos in der Pflege und als Gemüse gern verwendet: Knollensellerie.

Oben Mitte: Sellerie sollte man nicht selbst anziehen, sondern vorgezogene Pflanzen kaufen.

Rechts: Knolle und Kraut des Selleries werden heilkräftige Wirkung nachgesagt.

Oben: Sehr intensiv ist der Geschmack des Stangenselleries. Er wird gerne als Rohkost verwendet.

Unten: Bleichsellerie ist schwierig zu kultivieren, da es Jungpflanzen im Handel nur selten gibt.

schweren und mittelschweren, reichlich mit Stallmist und Kompost versorgten Böden. Für permanente Bodenfeuchtigkeit muß gesorgt werden. Die Jungpflanzen sollten kräftig und nicht zu hochgeschossen sein. Der Reihenabstand beträgt 35–40 cm, der Abstand der Pflanzen innerhalb der Reihe ebenfalls. Pflanztermin ist nicht vor Anfang Juni. Während des Wachstums der Knolle muß wegen des hohen Nährstoffbedarfs noch einmal nachgedüngt werden, mit Algenkalk oder mit einem biologischen Volldünger.

Als Nachbarn in der Mischkultur mit Sellerie eignen sich Blumenkohl, Spinat und Bohnen, ungünstig sind Porree und Salat in nächster Nähe.

Die Ernte erfolgt im Oktober. Die Knollen können in feuchten Sand eingeschlagen werden.

Geeignete Sorten sind:

‚Monarch', ‚Mars', ‚Ibis', ‚Bergers weiße Kugel', ‚Alba'

Bleichsellerie, eine andere Varietät von *Apium graveolens*, erfreut sich immer größerer Beliebtheit. Allerdings ist es nicht leicht, Jungpflanzen davon zu bekommen. Von diesen Pflanzen werden nicht Knollen, sondern die saftigen, hellgrünen Stangen geerntet und mit Vorliebe roh mit verschiedenen Dips oder als Salat gegessen. Die Pflanzen werden etwas enger gesetzt (20–30 cm) und können ab August geerntet werden.

Selbstbleichende Sorten:

‚Selfira', ‚Goldener Schuß', ‚Weißer Englischer', ‚Tall Utah'

Schwarzwurzel

Das beliebte Wintergemüse galt früher auch als Spargelersatz. Es hat, abgesehen von seinem Wohlgeschmack, auch heilwirksame Inhaltsstoffe.

Damit sich die langen Wurzeln mit der dunklen Korkschicht zufriedenstellend entwickeln können, brauchen die Pflanzen besonders tiefgründigen, am besten leicht sauren Boden. Steine müssen beim Umgraben sorgfältig abgesammelt werden, weil sie die Wurzelbildung stören. Sehr gut verrotteter Kompost sollte reichlich eingearbeitet werden, bevor man ab Ende März aussät. Die Samen werden zweifingerhoch mit Erde bedeckt, die Sämlinge später auf einen Abstand von 4–5 cm vereinzelt.

Den Sommer über muß das Beet feucht und unkrautfrei gehalten werden. Erst ganz zu Ende der Vegetationsperiode, also nicht vor Anfang November, beginnt die Ernte der dann etwa 30 cm langen Wurzeln, die noch für einige Zeit in feuchten Sand eingeschlagen werden können.

Gut geeignete Sorten sind:
'Einjährige Riesen', 'Prodola', 'Negro', 'Hoffmanns Schwarze Pfahl'

Pastinake

Ganz zu unrecht war das seit der Antike verbreitete Gemüse im letzten Jahrhundert aus der Mode gekommen. Die der Möhre ähnlichen Wurzeln des Doldenblütlers zeichnen sich nämlich durch eine Fülle wertvoller Inhaltsstoffe aus.

Oben: Die winterharten Schwarzwurzeln können ab November den ganzen Winter über geerntet werden.

Unten: Erntereife Schwarzwurzeln.

Die Pflanzen sind zwar nicht besonders anspruchsvoll, entwickeln sich aber auf tiefgründigen, mittelschweren, humosen Böden besonders gut, vor allem wenn im Herbst eine Gründüngung erfolgt ist.

Die Aussaat erfolgt ab Ende März, die Pflänzchen werden später auf 15 cm Abstand vereinzelt. Die Pflanzen brauchen im Sommer reichliche Wassergaben, damit sich kräftige Rüben ausbilden. Eine Mischkultur mit Erbsen und Porree ist empfehlenswert, während Möhren und Sellerie als Nachbarn ungeeignet sind.

Die Erntezeit dauert vom Herbst bis in den Winter. Statt im Frühjahr kann man auch im Sommer aussäen und dann erst im darauffolgenden Frühjahr ernten.

Meerrettich

Ätherische Öle machen die Wurzeln dieser Pflanze zu einem höchst aromatischen Gewürz und verleihen ihnen zusammen mit dem Vitamin-C-Gehalt auch Heilkraft, die seit altersher genutzt wird.

Die Pflanzen bevorzugen tiefgründigen, sandigen bis lehmigen Boden und brauchen viel Feuchtigkeit. Man sät sie nicht aus, sondern legt 25 cm lange sogenannte »Fechser« Anfang April schräg in den Boden. Dort bildet die bis 60 cm hoch wachsende Pflanze Wurzeln aus, die geerntet werden können. Sie kann jahrelang an ihrem Platz bleiben; man muß allerdings darauf achten, daß sie sich nicht unkontrolliert ausbreitet.

Wer möglichst dicke, glatte Wurzeln ernten will, sollte im ersten Sommer die Wurzeln freilegen und alle Seitenwurzeln abschneiden und auch die Nebentriebe entfernen. Frisch geernteter und geriebener Meerrettich ist extrem scharf.

Petersilie

Nicht nur die glatten oder krausen Blätter der Pflanze werden als frische Küchenkräuter hochgeschätzt, sondern auch die weißen Wurzeln.

Wenn man schöne, lange Wurzeln ernten will, sollte der Boden tiefgründig bearbeitet, leicht und humos sein; nasse Füße mag die Petersilie nicht.

Die Aussaat kann im April beginnen, die Pflänzchen sollten auf 5 cm Abstand vereinzelt werden. Tomaten und Porree entwickeln sich gut in der Nachbarschaft von Petersilie, nicht aber Salat.

Die Wurzeln können im Herbst geerntet und bis zum Verbrauch in feuchten Sand eingeschlagen werden.

Die vitamin- und mineralstoffreichen Wurzeln werden in Eintöpfen und Gemüse- und Fleischsuppen verwendet.

Ertragreiche Sorten sind:
‚Halblange', ‚Lange glatte'

Knollenfenchel

Inzwischen ist dieser Einwanderer aus Vorderasien und den Mittelmeerländern auch bei uns schon eingebürgert. Man schätzt die aromatischen Knollen, die eigentlich verdickte Ansätze der Blätter sind. Die Pflanze enthält reichlich Vitamine und Mineralstoffe sowie ätherische Öle. Man ißt sie gekocht, aber auch in gemischten Salaten. Fenchel bevorzugt einen mit Kompost angereicherten, tiefgründig gelockerten Boden. Besser als eine Direktsaat ins Freiland ist die Anzucht von Jungpflanzen von März bis Mai in Töpfen und Saatschalen. 5–6 Wochen nach der Aussaat kommen die Setzlinge aufs Beet, sollten aber bis nach den gefährlichen Eisheiligen mit Folie abgedeckt werden. Spätestens vor dem ersten Frost muß der Fenchel geerntet sein.

Sehr aromatisch und äußerst nahrhaft ist der Knollenfenchel (Foeniculum vulgare).

Geeignete Sorten sind:
‚Zefa Tardo', ‚Latina', ‚Perfektion'

Zwiebelgemüse für Würze und Gesundheit

Die Speisezwiebel und ihre Verwandten, die Schalotte, die Etagenzwiebel, die Winterheckzwiebel, der Porree, der Knoblauch und Schnittlauch, sorgen nicht nur für den guten Geschmack von Fleisch- und Gemüsegerichten, Suppen, Saucen und Salaten, sie haben auch gesundheitsfördernde Wirkungen. Traditionell wurden und werden Zwiebelgewächse eingesetzt, um Entzündungen zu lindern, Erkältungen zu kurieren, die Verdauung zu fördern und den Blutdruck zu senken. Unter den zahlreichen Inhaltsstoffen sind besonders die Vitamine und Mineralstoffe, aber auch ätherische Öle zu nennen.

Was liegt angesichts einer solchen Fülle von Wohltaten und Würze näher, als sich Zwiebeln und Compagnie im eigenen Garten zur ständigen Verfügung in allen vier Jahreszeiten anzubauen?

Speisezwiebel

Wie so viele andere Pflanzen stammt auch die Zwiebel aus der »Wiege der Menschheit«, dem Innern Asiens. Seit Jahrtausenden wird sie hochgeschätzt. Da es viele verschiedene Anbaumöglichkeiten gibt, kann man sich das ganze Jahr über mit Zwiebeln selbst versorgen.

Als Standort wünscht sich die Speise- oder Küchenzwiebel einen möglichst sonnigen Platz und leichten bis mittelschweren, auf jeden Fall aber humosen Boden. Verrotteter Kompost, der vor dem Anbau im Frühling dem Boden zugesetzt wird, vergrößert die Aussicht auf gute Ernte.

Eine gute Begleitpflanze für Zwiebeln ist die Möhre.

Gleichmäßige Feuchtigkeit ist wichtig, stauende Nässe aber schadet den Pflanzen.

Für eine Mischkultur mit Zwiebeln geeignet sind Petersilie, Möhren, Salat, Gurken oder Tomaten, nicht aber Hülsenfrüchte oder Kartoffeln.

Die Aussaat von Speisezwiebeln im Frühjahr für die Sommerernte und im Sommer für die Frühjahrsernte sind nur dort anzuraten, wo gute klimatische Bedingungen eine lange Vegetationsperiode versprechen und schon im März ins Freiland gesät werden kann. In ungünstigeren Lagen empfiehlt sich der Anbau von Steckzwiebeln. Man legt die möglichst kleinen Zwiebeln (große entwickeln mehr Schosser) im April in Abständen von 6 cm in der Reihe bei einem Reihenabstand von 20–25 cm. Von Zeit zu Zeit sollte der Boden zwischen den Zwiebeln gehackt und gejätet, im Sommer zusätzlich gewässert werden.

Die Steckzwiebelernte kann bereits im Juli beginnen und sich bis zum August hinziehen. Saatzwiebeln sind erst im September erntereif. Beide werden am besten bei trockener Witterung ausgenommen. Bei der Ernte

Oben: Die Anzucht der Speisezwiebeln erfolgt am schnellsten mit Steckzwiebeln.

Unten: Aus unserem Speiseplan ist die Zwiebel als Gewürz nicht mehr wegzudenken.

sollen die Blätter abgeknickt sein. Am besten legt man die Zwiebeln anschließend auf einen Rost und läßt sie an der Luft weitertrocknen, bevor man sie in einem kühlen, trockenen Raum lagert.

Wer möglichst früh im Jahr frische Zwiebeln, die sogenannten Frühlingszwiebeln, ernten will, der sollte im Herbst, wenn die ersten Beete abgeräumt werden, Steckzwiebeln legen. Ende September gibt man sie 4–5 cm tief in die Erde und hält dabei einen Reihenabstand von 25–30 cm ein. Der Abstand in der Reihe sollte 5–6

Oben:
Frisch geerntete Zwiebeln sollten zum Trocknen noch einige Zeit in der Sonne liegen.

Oben: Der Standort der Küchenzwiebel sollte sonnig, der Boden leicht bis mittelschwer sein.

Unten: Niederliegendes Laub ist kennzeichnend für die Reife.

cm betragen. Vorher muß der Boden gut mit verrottetem Kompost versorgt werden. Vor den ersten Frösten ist eine Abdeckung mit Stroh und Reisig nötig.

Steckzwiebelsorten für den Frühjahrsanbau sind:

‚Birnenförmige', ‚Stuttgarter Riesen'

Steckzwiebelsorten für den Herbstanbau sind:

‚Romy', ‚Presto', ‚Taify'

Schalotte

Die feinere Verwandte der Speisezwiebel, die besonders in der Gourmetküche geschätzt wird, ist die Schalotte. Sie schmeckt milder und eignet sich daher besonders gut zum Rohessen. Im allgemeinen sät man Schalotten nicht aus, sondern legt im zeitigen Frühjahr die trockenen Brutzwiebeln in ein gut besonntes Beet. Die

Reihenabstände sollten 15–20 cm betragen, der Abstand in der Reihe 15–18 cm. Im Laufe der nächsten Wochen bilden sich kleine Nebenzwiebeln. Ab Juli kann man schon mit der Schalottenernte beginnen.

Winterheckzwiebel

Von dieser winterharten Zwiebelart, die aus Ostasien zu uns gekommen ist, werden nicht die kleinen Zwiebeln geerntet, sondern die grünen

Lauchblätter, die auch in der kalten Jahreszeit für würziges Grün in der Küche sorgen. Man legt die Zwiebeln im Frühjahr oder Herbst und braucht nicht mehr als 4–5 Pflanzen für den normalen Bedarf.

Ganz oben: Hübsche Blütenstände der Perlzwiebel.

Mitte: Zwiebeln müssen kühl, trocken und dunkel gelagert werden.

Links: Ausgereifte Winterzwiebel.

Seite 109: Interessante Varietät der Speisezwiebel: die Etagen- oder Luftzwiebel.

Etagenzwiebel

Eine interessante Varietät der Speisezwiebel ist die Etagen- oder Luftzwiebel, deren Brutzwiebel in einigem Abstand über dem Boden erscheinen. Man kann im Frühherbst die Brutzwiebeln abschneiden und zum Trocknen aufhängen. Im folgenden Jahr bildet die mehrjährige Pflanze dann erneut Brutzwiebeln aus. Man setzt diese Zwiebeln im Frühjahr in einem Abstand von etwa 20 cm; sie braucht einen gut besonnten Platz im Gemüsegarten.

Knoblauch

Die Pflanze bzw. ihre Zwiebeln, deren Genuß früher in Mitteleuropa die Ausnahme war, findet auch bei uns immer mehr Liebhaber – wegen ihres Genuß- und ihres Heilwertes. Aus ihrer Heimat Kirgisien ist sie über China, Indien, Ägypten ins Mittelmeergebiet gelangt und hat schließlich auch den Weg über den Balkan und die Alpen gefunden. Lange war sie in unseren Breiten wegen des starken Geruchs verpönt, den der Knoblauch selbst, aber auch die Knoblauchesser ausströmen. Doch überwiegen – auch nach inzwischen landläufiger Meinung – seine Vorzüge.

Mit Knoblauch verfeinert man Fleischspeisen und Gemüse, man ißt ihn roh im Salat oder trinkt seinen ausgepreßten Saft als Medizin. Sein ätherisches Öl hat nachgewiesenermaßen antibiotische Wirkung; auch lindert er Magen- und Darmbeschwerden, fördert die Durchblutung und hilft, den Blutdruck zu senken.

Der Anbau von Knoblauch ist denkbar einfach. Man steckt im Frühjahr einzelne Zehen in etwa 12–15 cm Abstand in den Boden, der warm und nährstoffreich sein soll. Zum Gedeihen brauchen die Pflanzen viel Sonne. Wenn das grüne Blattwerk im Hochsommer zu vergilben anfängt,

Ganz oben: Knoblauch ist nicht nur als Gewürz, sondern auch als Universalheilmittel gebräuchlich.

Oben: Porree ist als Salat und als Gemüse eine ausgesprochene Gaumenfreude.

kann man die frischen Knoblauchzwiebeln ernten, man sollte sie an einem luftigen, trockenen Platz aufhängen und abtrocknen lassen.

Wer besonders früh im Jahr ernten will, kann die Zehen auch schon im Oktober in den Boden geben und im Spätfrühjahr mit der Ernte beginnen.

Porree

Der vitamin- und mineralstoffreiche Porree oder Lauch, wie dieses Zwiebelgemüse im süddeutschen Raum genannt wird, wirkt nicht nur bei demjenigen heilkräftig und gesund, der reichlich davon ißt, sondern trägt auch wesentlich zur Bodenpflege bei.

Die Pflanzen gedeihen am besten auf tiefgründigem Boden, der nicht austrocknen soll. Günstig ist, im Herbst auf der für Porree vorgesehenen Fläche Gründünger auszusäen. Im Frühjahr wird dann verrotteter Kompost eingearbeitet, dem etwas Steinmehl beigemischt sein sollte.

Für eine Mischkultur eignen sich vor allem Kohl, Möhren, Petersilie und Tomaten, nicht aber Hülsenfrüchte.

Je nach Sorte kann man Porree von Januar bis Juni (frühe Sorten im Gewächshaus, ab Ende März im Freiland) aussäen.

Um im Sommer ernten zu können, sollten die Pflänzchen ab Ende April ins Beet gesetzt werden, der Abstand in der Reihe etwa 15 cm betragen. Porree, der im Herbst erntereif ist, wird ab Anfang Juni gepflanzt. Die Überwinterung der Pflanzen im Freiland ist nicht ganz ohne Risiko; auf jeden Fall müssen die Stangen gut abgedeckt werden.

Wer seinen Porree lieber im Herbst erntet, kann die Stangen noch für einige Zeit in einer schattigen Stelle im Schutz einer Hauswand einschlagen und dick mit Stroh, Mulch und Fichtenreisern abdecken.

Porree sollte auf Flächen ausgesät werden, die vorher eine Gründüngungskur erfahren haben.

Die Vielfalt der Kohlgemüse

Die verschiedenen Kohlarten gelten gemeinhin als typische Wintergemüse, weil man die Spätsorten von Rotkohl, Weißkohl und Wirsing nach der Ernte gut lagern kann. Außerdem wird aus Weißkohl in einem traditionellen Verfahren durch Milchsäuregärung Sauerkraut, das den ganzen Winter über zum Rohessen und zum Kochen zur Verfügung steht.

Die Kohlarten besitzen hohe Mineralstoff- und Vitaminvorräte und sollten schon deshalb im Grünkostgarten ihren Platz finden. Im kleinen Garten greift man allerdings bei den Kopfkohlarten besser auf frühe Sorten zurück, weil die Spätsorten die Beete allzu lange blockieren. Den höchsten Anteil an wertvollen und auch heilwirksamen Inhaltsstoffen haben neben dem »Wundermittel« Sauerkraut (Weißkohl) vor allem Rosenkohl, Grünkohl und Brokkoli.

Rotkohl gehört zu den typischen Winterkohlarten.

Für den Anbau aller Kohlarten gilt, daß sie nicht auf ein Beet kommen sollten, in dem auch ein Jahr vorher Kohlgemüse gewachsen sind. Andere Pflanzen aus der Familie der Kreuzblütler wie zum Beispiel Rettich sind ebenfalls als Vorgänger-Kultur ungünstig, weil sich dann die für diese Pflanzen typischen Krankheiten leichter ausbreiten können.

Kopfkohl

Unter dieser Bezeichnung faßt man Weiß- und Rotkohl sowie Wirsing zusammen, die alle drei stattliche Köpfe bilden. Schon die Römer schätzten die ursprünglich an den Küsten von Atlantik und Mittelmeer wildwachsenden Pflanzen als Gemüse und Heilmittel. Weißkohlsaft wird in der Volksmedizin zum Beispiel bei Magengeschwüren verordnet und soll auch andere Magenleiden lindern. Ebenso wird den Blättern nachgesagt, daß sie, auf Abszesse und Wunden aufgelegt, zur Heilung führen.

Kopfkohl im Garten braucht tiefgründigen Boden, der reich an Nährstoffen ist, die man am besten durch Einarbeiten von reichlich Kompost und Stallmist bereitstellt. Auch für stetige Feuchtigkeit ist zu sorgen.

Wer sich seine Jungpflanzen selbst heranziehen will, sollte mit der Aussaat schon im Februar/März beginnen, allerdings nur im Gewächshaus oder warmen Frühbeet. Dann können die frühen Sorten ab April unter Folie ins Freiland gesetzt werden, wo Abstände in der Reihe von 35 cm bei einem Reihenabstand von 40 cm einzuhalten sind. Geerntet wird je nach Pflanztermin ab Ende Juni. Die frühen Sorten von Weißkohl, Rotkohl und Wirsing bilden keine so festen Köpfe wie die späten und sind auch nicht so lange haltbar, sondern vielmehr zum alsbaldigen Verbrauch bestimmt und ganz besonders wohlschmeckend. Wer Platz genug im Gemüsegarten hat und sich auch den Wintervorrat und den Weißkohl fürs Sauerkraut selbst heranziehen will, der sät Ende April auf ein Anzuchtbeet aus und kann dann Anfang Juni die jungen Pflanzen an ihren endgültigen Platz setzen. Die Ernte dieser späten Sorten erfolgt dann erst Anfang November. Leichte Nachtfröste fügen den Kohlköpfen keinen Schaden zu. Sie lassen sich dann mehrere Wochen lang im kühlen, etwas feuchten Keller lagern.

Links: Rotkohl ist lagerfähig und sehr vitaminreich.

Unten: Als Begleitpflanze für den Weißkohl eignet sich Tagetes.

Kopfkohlarten für die Früh- und Sommerkultur sind:
Weißkohl: ,Rapid‹, ,Minicole‹, ,Marner Spitzweiß‹, ,Castello‹, ,Allfrüh‹
Rotkohl: ,Allrot', ,Vitesse', ,Marner Frührotkohl'
Wirsing: ,Eisenkopf', ,Vorbote', ,Praeco', ,Marner Grünkopf'
Kopfkohlsorten für die Spätkultur sind:
Weißkohl: ,Dauerweiß', ,Marner Lagerweiß', ,Polinius'
Rotkohl: ,Marner Lagerrot', ,Dorota', ,Roxy', ,Ruby Perfection'
Wirsing: ,Winterfürst', ,Ice Queen', ,Wirosa', ,Tombola'

Links: Durch die Milchsäuregärung wird aus Weißkohl das beliebte Sauerkraut.

Unten: Wirsing kann man mehrere Wochen lang im kühlen und möglichst feuchten Keller Lagern.

Rosenkohl

Wahrscheinlich ist der Rosenkohl, der auch Sprossenkohl oder Kohlsprossen genannt wird, im 18. Jahrhundert entwickelt worden. Das beliebte Spätherbst- und Wintergemüse enthält besonders viele Mineralstoffe wie Kalium und Phosphor, aber auch reiche Vorräte an Vitamin C und B.

60–80 cm hoch wird der Hauptsproß, an dem die kleinen Rosenkohlröschen heranreifen.

Sein Platz im Gemüsegarten kann in der Sonne oder im Halbschatten liegen, der Boden sollte mittelschwer und möglichst tiefgründig sein. Am besten sieht man für den Herbst vor dem Anbau von Rosenkohl eine Gründüngung vor oder gräbt Stallmist unter und arbeitet im Frühjahr

Oben links: Damit der Rotkohl-Kopf fest wird, benötigt er einen mittelschweren Boden mit sandigem Lehmanteil.

Links: Frisch geernteter Wirsing.

dann reichlich gut verrotteten Kompost ein. Für eine Mischkultur eignen sich Sellerie, Rote Bete oder Endivien; Kartoffeln und andere Kohlgewächse sollten nicht in der Nähe stehen.

Wer sich die Jungpflanzen selbst heranziehen will, sollte ab April in einem gut vorbereiteten Beet aussäen und die Pflanzen Anfang bis Mitte Juni an ihren endgültigen Platz setzen. Der Pflanzabstand beträgt etwa 60 cm in der Reihe, der Reihenabstand 60–70 cm. Wichtig ist, daß die Pflanzen reichlich gewässert werden und in nährstoffreichem Boden stehen, weil sonst die Röschen zu locker sind. Kurz vor Beginn der Ernte sollte die Spitze der Pflanze ausgebrochen werden.

Reif zur Ernte sind die ersten Röschen Ende September, in Folge kann bis in den Winter hinein gepflückt werden. Frost bis – 10° C ist für die Pflanzen kein Problem. Nur in klimatisch begünstigten Gebieten allerdings kann Rosenkohl auf dem Beet überwintern.

Ein Rosenkohl-Röschen hat den gleichen Aufbau wie ein großer Kohlkopf.

Rechts: Frost bis –10° C verleiht dem Rosenkohl ein kräftigeres Aroma.

Frühe Sorten des Rosenkohls sind:
‚Hossa', ‚Oliver', ‚Citadel', ‚Abunda'
Sorten, die im Spätherbst erntereif sind:
‚Hilds Ideal', ‚Igor', ‚Predora', ‚Kundry'
Sorten, die im Winter geerntet werden:
‚Tardis', ‚Sigmund'

Kohlrabi

Von diesem beliebten Gemüse werden nicht die Blätter, sondern die verdickte Sproßknolle gegessen, die besonders wohlschmeckend und reich an Vitaminen und Mineralstoffen ist.

Anspruchslos in der Pflege sind die Kohlrabi, wenn nur der Boden ausreichend feucht ist.

Links: Schmackhaft, vitamin- und nährstoffreich ist der blaue Kohlrabi.

Unten: Weiße Kohlrabi gedeihen weniger gut als die blauen.

Auch die Blätter stecken voll wertvoller Inhaltsstoffe. Es gibt blaue und weiße Sorten, doch sind die blauen weniger anfällig und gedeihen besser als die weißen.

Kohlrabi stellen keine besonderen Ansprüche, wachsen aber am besten in humosem, im Herbst des Vorjahres mit verrottetem Kompost oder Stallmist angereichertem Boden, der ständig ausreichend Feuchtigkeit haben muß. Bei Mischkultur sind Bohnen, Erbsen, Salat als Nachbarn geeignet.

Man kann sich schon im März Jungpflanzen in Saatschalen heranziehen oder sich Setzlinge besorgen, die ab Anfang April ins Freiland kommen. Der Abstand in der Reihe sollte 30 cm betragen, ebenso der zur nächsten Reihe. Wichtig ist, daß die Erde um die Pflanzen nie austrocknet, sondern gleichmäßig feucht ist, weil sonst die Knollen leicht aufplatzen.

Im Abstand von 4 Wochen sollte man weitere selbst herangezogene oder gekaufte Jungpflanzen setzen, damit man bis in den Herbst hinein mit Knollen versorgt ist. Erntereife Knollen sollten nicht auf dem Beet stehen bleiben, weil die Qualität darunter leidet und sie leicht holzig werden.

Geeignete Sorten für frühen Anbau sind:
‚Primavera', ‚Quickstar', ‚Azur Star', ‚Capri', ‚Rolano'
Sorten für den Herbst sind:
‚Prager Blauer Speck', ‚Noriko', ‚Marko', ‚Prima'

Blumenkohl ist sehr anspruchsvoll und verlangt einiges an gärtnerischem Geschick.

Blumenkohl

Ein Gemüse für den fortgeschrittenen Gärtner ist die Kohlpflanze, deren verdickter Blütenstand geerntet und zubereitet wird. Seit mehr als 4 Jahrhunderten ist Blumenkohl bei uns in Kultur. Er steckt voller Mineralstoffe und Vitamine.

Der Boden muß reich an Nährstoffen, locker und tiefgründig sein. Günstig ist eine Gründüngung im Herbst vor dem Anbau, oder man sollte um diese Zeit abgelagerten Stallmist und gut verrotteten Kompost einarbeiten. Wichtig ist, daß der Standort gut besonnt ist. Starke Temperaturschwankungen und große Hitze nimmt Blumenkohl ebenso übel wie mangelnde Feuchtigkeit und zu geringes Nährstoffangebot.

Ab März beginnt man mit der Anzucht der Jungpflanzen. In der zweiten Aprilhälfte kommen die Setzlinge mit einem Abstand von 50 cm in der Reihe aufs Beet. Man sollte immer nur 4–5 Pflanzen auf einmal setzen und im 2-Wochen-Abstand Folgepflanzungen vornehmen, damit immer nur soviel Blumenkohl zur Ernte ansteht, wie man verbrauchen kann. Wer nicht selber anziehen will, sollte sich kräftige Jungpflanzen beim Gärtner besorgen. Sie müssen etwas tiefer in den tiefgründig gelockerten Boden gesetzt werden, als sie vorher gestanden haben. Im übrigen wird das Beet unkrautfrei gehalten, regelmäßig gewässert und nach Bedarf gehackt. Sobald sich die weißen Blütenstände bilden, sollte man einige der großen, grünen Blätter so umknicken, daß sie sich schützend auf die Blüte legen.

Bei Mischkultur können Salat, Spinat, Rote Bete oder Tomaten in unmittelbarer Nähe gedeihen; ungeeignet sind Zwiebeln und andere Kohlgemüse.

Wichtig ist, daß eine für die jeweilige Jahreszeit günstige Sorte gewählt wird.

Für frühen Anbau geeignete Sorten:
‚Opaal‘, ‚Montano‘, ‚Allerfrühester Erfurter Zwerg‘, ‚Alpha/Jubro‘

Für den Anbau im Sommer und Herbst geeignete Sorten:
‚Andes‘, ‚Siria‘, ‚Hormade‘, ‚Revito‘, ‚Starlight‘

Für die ganze Vegetationszeit geeignete Sorten:
‚Andes‘, ‚Plana‘, ‚Celesta‘, ‚Neckarperle‘, ‚Lukra‘

Nur auf nährstoffreichem, lockerem Boden bildet Blumenkohl so prächtige Köpfe aus.

Brokkoli

Das früher in Mitteleuropa wenig angebaute Gemüse hat sich inzwischen auch bei uns seinen Platz auf den Speisezetteln erobert und wird immer häufiger in unseren Gärten angebaut. Es ähnelt im Geschmack dem Blumenkohl, kann aber auch wie Spargel zubereitet werden. Das vitamin- und mineralstoffreiche Gemüse verlangt, ebenso wie Blumenkohl, etwas gärtnerische Sorgfalt.

Der Boden für die Brokkoli-Pflanzen muß tiefgründig gelockert und nährstoffreich sein. Deshalb ist eine Gründüngung im Herbst empfehlenswert. Wo dies nicht möglich ist, sollte vor dem Winter reichlich Stallmist und etwas Algenkalk eingearbeitet werden. Mit Steinmehl vermischter Kompost sorgt im Frühjahr für eine günstige Bodenbeschaffenheit. Wichtig ist, daß das Beet stets reichlich mit Wasser versorgt ist.

Man kann sich die Pflänzchen selbst durch Aussaat von April bis Juli heranziehen oder kräftige Jungpflanzen kaufen. Die Anzucht dauert etwa 4–5 Wochen. Bis zum Beginn der Ernte vergehen dann etwa 7–8 Wochen. Wichtig ist, daß man einen genügend großen Standraum für die Pflanzen vorsieht, bei weniger Platz entwickeln sich die Haupttriebe kräftiger – auf Kosten der Seitentriebe.

Der Reihenabstand sollte 50 cm, der Abstand in der Reihe 40 cm betragen. Für die Mischkultur mit Brokkoli geeignet sind Salat, Spinat, Sellerie, nicht aber andere Kohlgewächse. Ab Frühsommer kann man mit der Ernte beginnen. Als erstes wird der Haupttrieb geerntet, was das Wachstum der Seitensprosse fördert. Danach schneidet man fortlaufend aus den Seitentrieben. In der Sommerhitze blühen die Sprosse sehr schnell auf; man sollte also das Brokkoli-Beet häufig und regelmäßig durchpflücken. Hat man besonders hohe Erträge, kann man die Sprosse tiefgefrieren.

Bewährte Brokkoli-Sorten sind:
‚Emperor‘, ‚Corvet‘, ‚Calabrese‘, ‚Atlantic‘, ‚Futura‘, ‚Sparko‘, ‚Rosalind‘, ‚Violet Queen‘.

Grünkohl

Das Gemüse, das in Norddeutschland besonders häufig angebaut und als würziger Wintereintopf beliebt ist, soll bis in den Winter hinein auf den Beeten bleiben, weil es die ersten Fröste noch schmackhafter machen. Gerade im Winter ist auch der beträchtliche Vitamingehalt des Grünkohls nicht zu verachten. Von dieser Pflanze werden die gekräuselten, grünen Blätter gegessen.

Wer sich die Jungpflanzen nicht selbst heranziehen will – Aussaatzeit ist in der zweiten Maihälfte bis An-

Ganz oben: Erst seit kurzer Zeit wird Brokkoli auch in unseren Breiten angebaut.

Oben: Ähnlich dem Blumenkohl braucht Brokkoli intensive Pflege.

fang Juni – besorgt sie sich Ende Juni bis Anfang Juli und setzt sie in ein Beet mit durchlässigem, mit Kompost versorgtem Boden. Die Pflanzen gedeihen in sonnigen und halbschattigen Lagen. Der Pflanzabstand sollte 50 cm von Reihe zu Reihe, 40 cm innerhalb der Reihe betragen. Abgesehen von gelegentlichem Hacken und Jäten braucht das Grünkohlbeet keine Pflege. Staunässe mögen die Pflanzen allerdings nicht. Nach starken Regenfällen und bei verdichtetem Boden muß der Boden durch Hacken belüftet werden, damit die Blätter nicht vergilben.

Geerntet wird, wie schon erwähnt, nachdem der erste Frost den Zuckergehalt des Blattgrüns gesteigert hat. Die Pflanzen können solange auf dem Freiland bleiben, bis sich nicht extreme Fröste (unter – 10° C) ohne schützende Schneedecke ankündigen. Die Blätter können sehr gut tiefgefroren werden.

Bewährte Sorten sind:

‚Lerchenzungen', ‚Fribor', ‚Halbhoher grüner krauser', ‚Niedriger grüner krauser';

‚Winterbor' kann auf dem Beet überwintern, da er besonders frosthart ist.

Chinakohl

Bis vor gut einem Jahrzehnt war der Chinakohl – in Ostasien eine uralte Kulturpflanze – bei uns noch kaum bekannt. Dabei lassen sich daraus vorzügliche Gemüsegerichte zaubern.

Die Pflanzen brauchen einen gut bearbeiteten, mittelschweren Boden, der ruhig auch lehmig sein kann und wünschen sich einen möglichst sonnigen Platz. Da der Chinakohl sehr schnell wächst, muß er reichlich mit Wasser und Nährstoffen versorgt werden. Am besten arbeitet man vor der Pflanzung reichlich Kompost in den Boden ein.

Ähnlich wie beim Rosenkohl erhöht Frosteinwirkung die Schmackhaftigkeit des Grünkohls.

Weitere Informationen zum Chinakohl sind im Kapitel »Kultur von Blattsalaten« nachzulesen.

Für den Wintervorrat müssen die geernteten Köpfe sorgfältig von angefaulten oder gebräunten äußeren Blättern befreit werden. Wenn man sie mitsamt den Wurzeln ausnimmt, kann man sie gut lagern, indem man sie in feuchten Sand einschlägt. Sie brauchen aber einen sehr kühlen Lagerraum.

Hülsenfrüchte, knackig und gesund

Hülsenfrüchte, die zu den Schmetterlingsblütlern *(Fabaceae)* gehören, sind schon seit undenklichen Zeiten Nahrung des Menschen, denn man hat beispielsweise in den Mauerresten des alten Troja, aber auch in Südamerika Erbsen bzw. Bohnen gefunden.

Der hohe Nährwert der Leguminosen beruht auf dem Gehalt an pflanzlichem Eiweiß, der bis zu 25 Prozent beträgt. Ein anderer wichtiger Inhaltsstoff ist Lezithin, das zum Nervenaufbau notwendig ist.

Weiterer Vorzug der Hülsenfrüchte ist, daß sie den Boden mit Stickstoff anreichern.

Die wichtigsten Hülsenfrüchte für den Anbau in unseren Gärten sind Erbsen und Bohnen.

Erbsen

Die alte Kulturpflanze, die in ihren Hülsen so schmack- und nahrhafte Früchte birgt, gehört zu den beliebtesten im eigenen Garten angebauten Gemüsen. Sie ist wegen ihrer relativ kurzen Wachstumszeit gut als Vorkultur einzusetzen.

Erbsen brauchen für zufriedenstellendes Gedeihen einen gut bearbeiteten, am besten mit Kompost angereicherten Boden, der nicht vernäßt und schwer sein darf. Zusätzliche Düngung ist kaum erforderlich. Eine sonnige Lage begünstigt das Wachstum.

Erbsen werden je nach Sorte ab Ende März bis in den Juni direkt ins Freiland ausgesät. Man unterscheidet dreierlei verschiedene Erbsen: Zuckererbsen, Markerbsen und Palerbsen.

Die wärmeliebenden Markerbsen werden von April bis Juni ausgesät und 4–5 cm hoch mit Erde bedeckt. Sobald die Pflanzen etwa eine Handbreit gewachsen sind, werden sie angehäufelt und mit Stützen in Form von Reisig oder Draht versehen. Man

Erbsen sind schon seit Jahrtausenden als Nahrungsmittel bekannt.

Seite 122: Zuckererbsen sind zwischen Juni und August erntereif. Sie werden mitsamt den Schoten verzehrt.

erntet je nach Aussaat ab Juli die grünen Hülsen, damit die Erbsen frisch und saftig sind.

Zuckererbsen werden von April bis Juni gesät; sie sind besonders vorteilhaft, weil man die gesamten Hülsen oder Schoten essen kann. Diese sollen allerdings bei der Ernte (Mitte Juni bis August) noch ganz jung und zart sein.

Die Palerbse kann schon in den letzten Märztagen gesät werden, weil sie besonders widerstandsfähig ist. Weiter verfährt man in der Kultur wie bei den anderen Erbsen. Die ersten prallgefüllten Hülsen kann man ab Ende Juni und weiter, je nach Saatzeit, bis September ernten. Palerbsen sind gut für die Ernte von frischen, aber auch von trockenen Körnern für den Wintervorrat geeignet.

Wichtig ist, daß auf dem mit Erbsen besetzten Beet in den folgenden 4–5 Jahren keine Hülsenfrüchte angebaut werden, damit sich eventuelle Krankheiten nicht weiter ausbreiten und die Kulturen nachhaltig schädigen können.

Geeignete Markerbsensorten sind:
‚Kelvex', ‚Aldermann', ‚Senator', ‚Onward', ‚Exzellenz'

Empfehlenswerte Zuckererbsensorten sind:
‚Denise', ‚Frühe Heinrich', ‚Schweizer Riesen', ‚Rheinische Zucker'

Geeignete Palerbsen sind:
‚Allerfrüheste Mai', ‚Kleine Rheinländerin', ‚Überreich', ‚Germana', ‚Maibote', ‚Rheinperle'

Bohnen gehören zu den wichtigsten Quellen für pflanzliches Eiweiß.

Bohnen

Wie Tomaten, Paprika und Kartoffeln sind auch die Bohnen im Zeitalter der Entdeckungen aus Süd- und Mittelamerika zu uns gekommen. Schon bald konnten sie in Europa die bis dahin dominierenden Saubohnen als wichtiges Nahrungsmittel verdrängen.

Stangenbohne: Sie garantiert besonders gute Ernten, wenn sie den richtigen Standort in tiefgründigem, vor der Aussaat tief bearbeitetem und mit viel Kompost angereichertem Boden hat. Auch Gaben von Algenkalk im Herbst vorher und Steinmehl bzw. ein organischer Volldünger während der Wachstumszeit verbessern den Ertrag. Da die Stangenbohne sehr hoch hinaus will, sollte man vor der Aussaat, die ab Mitte Mai erfolgt, ein Stangengerüst aus Holz oder Metall setzen, an dem die Pflanzen emporranken können. Je Stange können 6–7 Bohnen ausgelegt werden, die 3–4 cm hoch mit Erde bedeckt sein sollen. Der Abstand im Stangenbohnenbeet sollte 100 cm zwischen den Reihen und 50–60 cm innerhalb einer Reihe betragen. Wichtig ist, daß die jungen Pflanzen die Stangen gut erreichen; sie umwinden sie im umgekehrten Uhrzeigersinn. Das Beet sollte mehrmals gehackt, gewässert und mit einer Mulchschicht bedeckt werden, damit für gleichmäßige Feuchtigkeit gesorgt ist.

Geeignete Sorten für Stangenbohnen sind:
‚Hilda', ‚Mantra', ‚Topfix', ‚Trebona', ‚Perle von Marbach', ‚Zucker Perl Prinzeß' (alle mit grünen Hülsen); ‚Blauhilde' (mit blauen Hülsen); ‚Goldelfe', ‚Juwagold' (mit gelben Hülsen)

Buschbohne: Die Aussaat dieser niedrigen Bohnen erfolgt ebenfalls ab Mitte Mai. Man sät entweder in Horsten (5–6 Bohnen) bei einem Abstand von 50 cm oder in Reihen (Abstand von Reihe zu Reihe 40, innerhalb der Reihe 6–8 cm).

Bodenbearbeitungs- und Düngemaßnahmen sind dieselben wie bei der Stangenbohne. Mit der Ernte der Buschbohnen kann man früher beginnen; man pflückt die Hülsen, wenn sie noch ganz zart und hellgrün sind. Sie liefern ein besonders feines, schmackhaftes Gemüse.

Geeignete Buschbohnensorten sind:
‚Admires', ‚Delinei', ‚Dublette', ‚Fabiola', ‚Maja', ‚Pebe', ‚Primel',

Oben: Dicke Bohnen gehören einer anderen Gattung an als die übrigen Bohnen.

Links: Bohnen sind ideal für eine Mischkultur mit blauen und weißen Kohlrabi.

‚Loma‘, ‚Zucker Perl Perfektion‘ (alle mit grünen Hülsen)
‚Gabriella‘, ‚Vollenda‘, ‚Goldimmens‘, ‚Greta‘, ‚Wacks Beste von Allen‘ (alle mit gelben Hülsen)
‚Purple Teepee‘, ‚Purpiat‘ (mit blauvioletten Hülsen)
Dicke Bohnen. Sie werden auch liebevoll Puffbohnen genannt, die Dicken Bohnen, Großen Bohnen oder Saubohnen, und sie waren jahrtausendelang ein wichtiges Gemüse für die Menschen. Dicke Bohnen sind zwar auch Schmetterlingsblütler, gehören aber einer anderen Gattung an als die übrigen Bohnen.

Wer sich Dicke Bohnen im Garten selbst heranziehen möchte, der sollte für sie ein Gemüsebeet an einem sonnigen Platz reservieren. Lockerer, nährstoffreicher Boden, in dem für gleichbleibende Feuchtigkeit gesorgt ist, gehört zu den Voraussetzungen für gutes Wachstum. Wichtig ist auch eine reichliche Kompostgabe vor der Aussaat, die schon früh, meist im März, erfolgen kann. Man legt die Bohnen im Abstand von 10–12 cm in der Reihe und 50 cm zwischen den Reihen. Dabei sollten immer zwei Samen zusammenkommen, damit man später den schwächeren Keimling entfernen kann. Sie werden 4 cm hoch mit Erde bedeckt. Die Jungpflanzen sollen leicht angehäufelt werden. Wichtig ist, daß die Bohnen während der Wachstumsphase genügend Feuchtigkeit haben.

Bei der Ernte sollen die Hülsen noch frisch und grün sein, damit man die Körner weich genießen kann.

Geeignete Sorten von Saubohnen sind: ‚Con Amore‘, ‚Dreifach weiße‘, ‚Blanka‘, ‚Gruno‘, ‚Osnabrücker Markt‘

Ganz oben: Saubohnen werden wie Erbsen seit Urzeiten kultiviert.

Links: Genügend Feuchtigkeit ist wichtigste Voraussetzung für eine reiche Ernte.

Gemüse für mehrere Jahre

Einige Gemüse baut man nicht nur für eine einzige Saison, sondern für einige Jahre an. Zu ihnen gehören vor allem der weiße und der grüne Spargel, die Artischocke und der Rhabarber.

Artischocke

3–4 Jahre hintereinander kann man von diesem Distelgewächs ernten, das eigentlich in südlicheren Gefilden zuhause ist, aber auch bei uns immer mehr Liebhaber findet. Allerdings eignen sich die Pflanzen bei uns eher für mildere Lagen und brauchen gegen starke Fröste Winterschutz. Man kann das Gemüse zunächst selbst aus Samen heranziehen und später die Pflanzen teilen. Gepflanzt wird erst in der zweiten Maihälfte, die Ernte der noch grünen Blütenköpfe beginnt im August. Man ißt den gekochten Blütenboden und saugt die dicken, unteren Teile der gekochten Blütenblätter aus.

Oben: Eine ganz typische Gemüsepflanze für mehrere Jahre ist die Artischocke.

Links: Eine Distel, die man essen kann: die Artischocke.

Spargel

Am besten gedeiht dieses edle Gemüse auf sandigen bis sandig-lehmigen Böden in voller Sonne. Das Beet sollte möglichst windgeschützt liegen. Wenn man sich die Mühe gemacht hat, ein Spargelbeet anzulegen, kann man 10–15 Jahre davon ernten. Der vorgesehene Platz muß im Herbst so tief wie möglich (am besten 2-Spaten tief) umgegraben werden. Im Frühjahr legt man in Richtung von Norden nach Süden einen Graben an, der etwa 40 cm tief und 50 cm breit sein sollte. Die Erde im Graben wird mit reichlich Kompost und Steinmehl vermischt. In 45 cm Abstand bildet man im Graben kleine Hügel, auf die man die Jungpflanzen setzt. Die Wurzeln werden einige Zentimeter hoch mit Erde bedeckt und angegossen. Den ganzen ersten Sommer lang hält man das offene Spargelbeet unkrautfrei und feucht. Im Herbst wird das Spargelgrün abgeschnitten. Im folgenden Gartenjahr werden die abgewelkten Stengel entfernt, die Pflanzen werden mit verrottetem Kompost versorgt und nach und nach wird der Aushub vom letzten Jahr auf dem Beet verteilt. Im Spätherbst sollte das Spargelgrün abgeschnitten werden.

Sobald im dritten Jahr nach der Pflanzung im Frühjahr die ersten Sprosse erscheinen, muß man das Beet etwa 30–40 cm hoch mit guter Gartenerde anhäufeln und die Oberfläche glatt klopfen. Nun kann die Ernte der Spargelstangen bald beginnen. Nach der Ernte wird der Hügel wieder abgetragen, damit die Pflanzen gedüngt werden können. Im Herbst schneidet man das welke Laub ab.

Viel Mühe bereitet der Anbau von Spargel, aber die Erntezeit ist lang.

Anders als der Bleichspargel wird der kräftiger schmeckende Grünspargel nicht angehäufelt, sondern gestochen, wenn die Stangen etwa 20 cm hoch sind.

Rhabarber

Von diesem ausdauernden Gemüse werden nur die Stangen gegessen, die Blätter sind ungenießbar. Rhabarber braucht ein gut vorbereitetes und mit viel Kompost, Stein- und Hornmehl sowie Kalimagnesium gedüngtes Pflanzenbett, da er ja viele Jahre am selben Platz gedeiht. Am besten pflanzt man ein kräftiges Teilstück einer alten Pflanze im Herbst. Geerntet werden die saftigen Stangen erst ab dem zweiten Jahr. 2–3 Pflanzen im Abstand von 1 m genügen für den normalen Haushalt.

Rhabarber ist äußerst gesund und in der Küche als Saft, Gelee oder Kompott vielfältig verwendbar.

Kartoffeln – Knollen, die es in sich haben

Natürlich wird sich niemand, dem nur ein paar Gemüsebeete am Rand des Wohngartens zur Verfügung stehen, die Einkellerungskartoffeln für den Winter selbst anbauen. Doch ein paar Reihen mit Frühkartoffeln, die 3 Monate nach der Pflanzung bereits zur Erntereife kommen, sind geradezu kulinarische Glanzlichter auf dem sommerlichen Speisezettel.

Der Boden für den Anbau von Kartoffeln soll auf jeden Fall locker, am besten sandig sein. Dichte, schwere Böden sind ungeeignet. Damit der Boden genügend Nährstoffe enthält, wird er im Herbst vor der Pflanzung mit Stallmist gedüngt. Im Frühjahr

Oben: Frische Kartoffeln aus dem eigenen Garten sind schon fast eine Spezialität.

Links: Locker und sandig sollte der Boden für den Kartoffelanbau sein.

bringt man dann noch gut verrotteten Kompost in den Boden ein. Das Pflanzbeet sollte gut besonnt sein.

Wer auf eine besonders frühe Ernte Wert legt, sollte die Saatkartoffeln an einem hellen Platz ab Anfang März vorkeimen. Ins Freiland werden die gekeimten Knollen dann in der ersten Aprilhälfte gelegt und einige Zentimeter hoch mit Erde bedeckt. Zwischen den Pflanzen sollte mindestens 40 cm, zwischen den Reihen 60–70 cm Abstand sein. Gegen späte Nachtfröste müssen die Jungpflanzen bis nach den Eisheiligen durch Vlies oder Matten geschützt werden.

Sind die Pflanzen etwa 10–15 cm hoch, werden sie gehackt und angehäufelt. Die Ernte der frühen Kartoffeln kann bereits im Juni beginnen, noch bevor das Laub vergilbt ist. Am besten schmecken die frischen Kartoffeln in der Schale gekocht mit Butter oder Kräuterquark.

Oben: Stärkehaltig, vitaminreich, kalorienarm und auch noch schmackhaft sind Kartoffeln.

Rechts: Aus unterirdischen Ausläufern bilden sich die Kartoffelknollen.

DIE KRÄUTERECKE IM NUTZGARTEN

Ein Kräuterbeet im Nutz- oder Ziergarten liefert nicht nur gesundes Gewürz für Salate, Gemüse und viele andere Gerichte, es sieht auch wunderschön aus und sorgt für aromatische Düfte. Man kann ein ganzes Beet ausschließlich für Kräuter reservieren oder sich, möglichst in der Nähe der Terrasse oder eines anderen Sitzplatzes im Garten, eine sogenannte Kräuterspirale, einen aus Steinen und Erde geformten Kräuterhügel anlegen.

Folgende Pflanzen sollten im Kräuterbeet nicht fehlen:

Basilikum

Die einjährige Pflanze hat dank ihrer Duft- und Inhaltsstoffe eine ausgezeichnete Würzwirkung in Salaten, Saucen, Dips. Man sollte die zarten Blättchen allerdings nicht kochen, weil sie dabei ihr Aroma fast ganz einbüßen. Bei nervösen Magenbeschwerden kann man sich die lindernde Wirkung eines Basilikum-Tees zunutze machen.

Die Pflanzen werden ab Anfang April am Fensterbrett oder im Gewächshaus vorgezogen. Erst in der zweiten Maihälfte werden die kräftigsten ausgepflanzt. Der Boden sollte nährstoffreich und humos sein, das Beet an einem sonnigen Platz liegen. Als Nachbarn eignet sich Fruchtgemüse wie Tomaten und Zucchini. Geerntet werden die Blätter vor der Blütezeit.

Links: Für jeden Gourmet und Gewürzfreund ist dieser Kräutergarten ein kleines Eldorado.

Bohnenkraut

Viel Sonne braucht das einjährige würzige Kraut, das keineswegs nur in Bohnengerichten verwendet wird,

Ganz oben: Eine sehr aromatische Würzwirkung besitzt Basilikum.

Oben: Aromatisch im Duft und zugleich dekorativ: das Bohnenkraut.

sondern auch andere Gemüse und auch Fleischspeisen veredelt. Es hat sich übrigens auch in Form von Tee bei Verdauungsbeschwerden bewährt.

Der Boden sollte nicht zu schwer und möglichst locker sein. Ab Anfang Mai wird direkt ins Kräuterbeet oder in der Nachbarschaft von Buschbohnen oder Dicken Bohnen gesät. Bohnenkraut eignet sich nicht als Salatgewürz, sondern sollte mitgekocht werden. Am besten schmecken die Blättchen kurz vor der Blütezeit.

Bergbohnenkraut ist eine ausdauernde Pflanze mit besonders würzigen Blättern, die auch gut in einer Steinanlage gedeiht.

Borretsch

Die bis 1,20 m hoch wachsenden einjährigen Pflanzen sind mit ihren leuchtendblauen Blüten eine Zier für jedes Beet. Man verwendet zum Würzen die ganz zarten, jungen Blätter.

Borretsch braucht nährstoffreichen Boden und viel Feuchtigkeit. Gesät wird er im April und nach dem Auflaufen vereinzelt. Eine günstige Wirkung hat Borretsch zwischen Kohlgewächsen.

Schon in einer kleinen Nische des Gartens ist Platz genug für eine vielfältige Kräuterecke.

Er schmeckt in Salaten und Gemüsen, aber auch in Saucen und Suppen. In der Volksheilkunde gilt er als Blutreinigungsmittel.

Dill

Sein feines Aroma wertet jeden Salat, aber auch Gemüsegerichte aus Bohnen, Kürbis, Kartoffeln auf. Fast unentbehrlich ist er in der feinen Fischküche.

Im Kräutergarten wünscht sich der einjährige Dill einen sonnigen Platz und leichten bis mittelschweren Boden. Hat er sich erst einmal in einem Beet angesiedelt, sät er sich meist von selber wieder aus.

Tee aus Dillsamen wird als Mittel gegen Bauchweh und Blähungen verabreicht.

Estragon

Von den beiden Formen, die bei uns angebaut werden, dem Französischen oder Deutschen Estragon und dem Russischen Estragon, hat ersterer die feinere Würze zu bieten. Russischer Estragon ist aber widerstandsfähiger und gedeiht auch in ungünstigen Lagen.

Der Französische oder Deutsche Estragon, eine ebenfalls ausdauernde Pflanze, braucht leichten, durchlässigen Boden und viel Sonne. Die frischen Blättchen und Zweige werden bei der Würzessigbereitung ebenso genutzt wie für Saucen, Fisch- und Geflügelgerichte. Im Herbst schneidet man die Pflanze weit zurück und deckt sie mit Laub und Stroh ab.

Tee aus Estragonblättern soll appetitanregend wirken.

Vor allem für Fisch- und Geflügelgerichte ist der Estragon hervorragend geeignet.

Kerbel

Der leichte Anisgeschmack der gefiederten Blättchen ist das Erkennungszeichen dieses Gewürzes, mit dem

Oben: In der Blütezeit bildet Schnittlauch kugelige Scheindolden aus.

Unten: Erst seit kurzer Zeit wird Knoblauch-Schnittlauch als Gewürzpflanze kultiviert.

man vor allem im Frühling und Frühsommer Suppen und Saucen verfeinern kann.

Die einjährige Pflanze wird schon ab März in möglichst leichten, humosen Boden gesät und braucht viel Sonne zum Gedeihen. Um die Ausbildung von Blüten hinauszuzögern, muß man ihn ständig feucht genug halten. Um die Ernte im Frühjahr vorzuziehen, kann man auch eine Herbstaussaat vornehmen. Am geeigneten Platz sät sich Kerbel, der die Nachbarschaft von Radieschen mag, bereitwillig selbst aus, wenn er erst einmal eingebürgert ist.

In der Volksmedizin gilt Kerbel als wassertreibend und stoffwechselanregend.

Knoblauch, eine besonders beliebte und gesunde Würzpflanze, wird im Kapitel »Zwiebelgemüse für Würze und Gesundheit« behandelt.

Bereits im Altertum wurden dem Maggikraut heilende und pflegende Wirkung nachgesagt.

Knoblauch-Schnittlauch

Seit einiger Zeit wird dieses würzige Kraut im Frühjahr in kleinen Töpfchen angeboten. Es läßt sich gut ins Kräuterbeet aussetzen und wie Schnittlauch halten. Die langen, flachen Blätter haben leichten Knoblauchduft, und man würzt damit Salate und Eiergerichte. Natürlich kann man die Pflanzen auch selbst aussäen.

Liebstöckel

Viel Platz für ihre mächtigen Wurzeln und dazu einen tiefgründigen Boden, in dem genügend Nährstoffe zur Verfügung stehen, wünscht sich die mehrjährige Pflanze, die mit bis zu 2 m eine stattliche Höhe erreicht. Die Blätter werden als Suppen- und Saucenwürze verwendet.

Als heilwirksam gilt die Wurzel der Pflanze, die verdauungsfördernd und harntreibend wirkt und seit jeher auch bei Menstruationsbeschwerden eingesetzt wird.

Majoran

Die einjährige Pflanze braucht lockeren, nährstoffreichen Boden und einen geschützten Platz, da sie kälteempfindlich ist. Am besten besorgt man sich im Frühjahr einige Jungpflanzen, die in der zweiten Maihälfte ins Freiland kommen.

Die würzigen Blättchen verfeinern viele Gerichte der italienischen Küche wie Pasta und Pizza, sind aber auch ein beliebtes Wurstgewürz.

Majoran als Heilkraut verwendet, soll Erkältungen lindern und magenstärkend wirken.

Origano

Die im Mittelmeergebiet heimische, ausdauernde Pflanze gibt mit ihrer charakteristischen Würze Salaten, Saucen, aber auch Fleisch- und Gemüsegerichten einen kräftigen Geschmack.

Das aromatische Majorankraut ist nicht nur Gewürz- sondern auch Heilpflanze.

Origano – auch Dost genannt – braucht im Garten viel Sonne und gedeiht auch in Steinanlagen. Am würzigsten ist er zur Blütezeit.

Origano eignet sich nicht nur als Speisenwürze sondern auch als dekorative Zierpflanze.

Petersilie

Zwar ist das Monopol der Petersilie in deutschen Küchen, wo sie jahrzehntelang fast allein das Feld unter den Küchenkräutern behauptete, inzwischen gebrochen, aber immer noch ist das vielseitige Kraut das beliebteste Gewürz für Suppen, Saucen, Salate, Aufläufe, Eiergerichte u. v. a. Es gibt kraus- und glattblättrige Formen; die zweijährige Pflanze wird im Frühjahr in nicht zu schweren, humusreichen, nicht zu trockenen Boden gesät. Man kann den ganzen Sommer bis weit in den Herbst hinein die grünen Blättchen nach Bedarf ernten. Im Winter deckt man die Reihe dicht mit Laub- und Stroh ab. Die vitamin- und mineralstoffreiche Pflanze wirkt appetitanregend.

Von den Wurzeln der Petersilie ist im Kapitel »Wurzelgemüse – auch für den Winter« die Rede.

Pimpinelle

Der angenehm frische Geschmack dieses vitaminreichen Küchenkrauts verfeinert Salate, Dips und Marinaden.

Die kalkliebende Pflanze gedeiht im sonnigen Kräuterbeet, aber auch im Steingarten sehr gut, da sie es auch trocken mag. Die Pflanze vermehrt sich an geeignetem Platz sogar selbst. Ihre Blätter stehen fast das ganze Jahr zur Verfügung.

Salbei

Die zu einem hübschen, bis 50 cm hohen Halbstrauch heranwachsende Pflanze versorgt uns, wenn sie an einem geschützten Platz steht und eine

Ganz oben: Der mediterrane Scharlach-Salbei ist besser unter dem Namen Buntschopf-Salbei bekannt.

Links: Petersilie ist wohl das bekannteste und beliebteste Gewürzkraut unserer heimischen Küche.

leichte Winterabdeckung bekommt, fast das ganze Jahr mit ihren würzigen, graugrünen Blättern, die sich so gut für die Gerichte der Mittelmeerküche, vor allem Fleischspeisen, eignen.

Salbei ist aber auch ein wirksames Heilkraut und tut bei Durchfallerkrankungen wie auch bei Husten und Heiserkeit gute Dienste.

Oben: Salbei ist uns vor allem aus der Mittelmeerküche bekannt und immer noch ein Exot unter den Gewürzen.

Unten: Frische Zitronenmelisse eignet sich nicht nur als Gewürz sondern auch zum Teeaufguß.

Schnittlauch

Die Pflanzen brauchen im Kräuterbeet einen Platz, der nicht zu trocken und gut mit Nährstoffen versorgt ist. Schnittlauch gedeiht in der Sonne, aber auch in halbschattigen Lagen. Die Horste können nach Bedarf immer wieder geteilt werden.

Die langen Blätter schmecken ausgezeichnet in Salaten, Gemüsen, Saucen und Suppen, aber auch auf Butterbrot und mit frischen Kartoffeln.

Wegen seines Gehalts an Vitaminen und Mineralstoffen ist Schnittlauch auch heilwirksam.

Thymian

Als Pflanze des Mittelmeergebietes braucht der Halbstrauch einen warmen, geschützten Platz. Am besten gedeiht er auf kalkhaltigem, durchlässigem Boden, den er zum Beispiel auch im Steingarten findet. Man erntet den ganzen Sommer über die würzigen Blättchen, die Salaten, Suppen, Tomatengerichten, Pizza und Nudelsaucen ihr charakteristisches Aroma geben.

In der Volksmedizin macht man sich die schleimlösende, aber auch die krampflösende Wirkung der Pflanze zunutze.

Zitronenmelisse

Der kräftige Zitronengeschmack der zartgrünen Melissenblätter paßt gut zu Gurken- und Tomatensuppen und zu vielerlei Salaten. Die anspruchslose, ausdauernde Pflanze gedeiht in jedem guten Gartenboden; eine einzige Pflanze genügt, um den Bedarf eines Haushalts zu decken. Man kann sie durch Teilung vermehren.

Melisse enthält reichlich Vitamine und Mineralstoffe; ein Tee aus den Blättern wirkt beruhigend und nervenstärkend.

OBST FÜR DEN KLEINEN GARTEN

Natürlich ist in einem Zier- oder Nutzgarten der heute üblichen Größe – und schon gar nicht in einem Reihenhausgarten – Platz für mächtige Obstbäume. Allzu schnell käme man buchstäblich an seine Grenzen, abgesehen davon, daß solche Bäume viel zu viel Schatten werfen und darunter weder Gemüse noch Zierpflanzen gedeihen könnten. Doch deshalb braucht man auf selbstangebautes und im eigenen Garten geerntetes Obst natürlich nicht zu verzichten. Da sind einmal die Spaliergehölze, die sich an die warme Süd- oder Westwand des Hauses halten und dort bei guter Pflege und richtiger »Erziehung« reiche Ernte bringen können. Aber auch von den klassischen Obstbäumen gibt es kleinwüchsige Formen, von denen eine oder zwei fast in jedem Garten Platz finden. Schließlich beliefern uns die Beerensträucher den ganzen Sommer über mit frischen Früchten, ohne daß sie viel Platz wegnehmen.

Kern- und Steinobst

Obstbäume werden heute in vielen Formen und Größen angeboten; man findet in den Baumschulen Exemplare, die für einen weiträumigen Obstgarten geeignet sind und deren Astwerk erst in etwa 1,80 m Höhe über dem Boden beginnt.

Solche Hochstämme sind sehr schön, aber nur für Obstwiesen, als Hof- oder Straßenobstbäume geeignet. Sie sind robust, tragen erst spät, dafür aber um so länger. Auch Mittel- oder Halbstämme mit ca. 1,20 m über dem Boden beginnenden Ästen sind für kleinere Gärten meist noch zu groß.

Ideal für den kleinen Garten sind der Buschbaum (50 bis 80 cm Stammlänge) und die Spindel, deren Hauptstamm ab einer Höhe von 40 cm über dem Erdboden mehrere kurze Seiten-

Das Sortiment an Obstbäumen ist so vielfältig, daß es Züchtungen für jede Gartengröße gibt.

triebe hat, die ihn rings umgeben. Eine solche Spindel braucht nur etwa 6–9 m² Fläche bei einem seitlichen Abstand von 2–3 m und trägt im Durchschnitt 15–30 kg Obst. Wichtig ist allerdings der Schnitt im Winter und möglichst auch ein Sommerschnitt. Die Ernte beginnt früher als bei Hoch- und Halbstämmen. Buschbäume mit 3–4 Leitästen beanspruchen etwa 25 m² Fläche, erbringen aber etwa doppelt so hohen Ertrag wie die Spindel. Ihre Äste beginnen in ca. 60 cm Höhe über dem Boden.

Unsere Obstarten stammen meist von Wildarten ab. Die Kultursorten sind das Ergebnis langer Züchtungsarbeit. Die meisten Obstsorten können nicht durch Samen vermehrt werden, da die Nachkommen nicht mehr sortentypisch sind. Obstbäume bestehen aus Unterlage und Edelreis. Die Wuchskraft, die Lebensdauer und der Ertragsbeginn des entstehenden Baumes richten sich nach der Unterlage, während Aussehen und Geschmack der Früchte vom aufgepfropften Edelreis bzw. dem sich daraus entwickelnden »oberirdischen« Baum abhängig sind. Schwachwüchsige Unterlagen haben meist höhere Ansprüche an den Boden. Obwohl der Obstbaum eine Art Interessengemeinschaft darstellt, nämlich von Unterlage und oberirdischer Krone, versucht jeder Teil, sich selbständig zu machen; Triebe, die unterhalb der Veredelungsstelle erscheinen, müssen sofort entfernt werden. Sitzt die Veredelungsstelle im Boden, bildet der veredelte Teil des Baumes eigene Wurzeln. Die guten Eigenschaften der Sämlings- oder der vegetativ vermehrten Unterlage gehen verloren. Dann beginnt der Fruchtertrag erst sehr viel später. Deshalb soll die Veredelungsstelle immer über dem Erdboden liegen.

Bei guter Pflege kann die Apfelernte so reichhaltig sein.

Obstbäume werden auf Dauer gepflanzt. Man hat sie nicht für 1 Jahr und auch nicht für 5 Jahre. Deshalb

Oben: Schon wegen der herrlichen Blütenpracht lohnt sich der Obstanbau.

Seite 139: ‚Jonagold' gehört zu den beliebtesten Apfelsorten.

Seite 141: ‚Cox Orange' ist aufgrund seiner feinen Säure eine sehr aromatisch schmeckende Apfelsorte.

läßt man dem Platz, auf dem man sie einsetzen will, besondere Aufmerksamkeit zukommen. Und man wählt die Baumart so aus, daß sie in die Gegend, in der die Bäume stehen und Früchte tragen sollen, paßt. Die Pflanzstelle wird dann an einem möglichst geschützten und sonnigen Platz des Gartens gewählt und die Pflanzgrube sorgfältig vorbereitet. Zuerst wird der Aushub mit Kompost und Gesteinsmehl angereichert, dann der Boden in der Pflanzgrube aufgelockert und mit Gesteinsmehl bestreut. Bevor der Baum gesetzt wird, muß der spätere Stützstock schräg eingeschlagen werden; man imprägniert ihn am besten an dem Ende, das im Boden steckt, mit Bienenwachs. Es ist günstig, die Wurzeln des Baumes vorzubehandeln, indem man beschädigte Enden sauber beschneidet und das Wurzelwerk in einen präparierten Lehmbrei (Preicobact) taucht. Beim Zuschütten der Pflanzgrube ist darauf zu achten, daß alle Wurzeln feste Verbindung zum Boden haben. Am besten hebt man während des Verfüllens der Grube das Bäumchen immer wieder etwas an, bis alle Wurzeln gut von Erde umschlossen sind. Wichtig ist, daß die Veredelungsstelle frei bleibt. Dann wird das Bäumchen an seinen Stützstock gebunden und gut gewässert. Günstig ist, die Pflanzstelle mit einer Schicht aus trockenem Laub oder welkem Gras oder auch halbverrottetem Kompost abzudecken.

Äpfel

Sie sind das verbreiteste Kernobst; das hat mit der Beliebtheit der saftigen Früchte, der Sortenvielfalt, aber auch mit der Anpassungsfähigkeit der Bäume zu tun. Äpfel gedeihen allerdings nicht an Plätzen, wo der Boden naß und verdichtet ist. Auch in Gegenden, in denen regelmäßig mit Spätfrösten im Frühjahr gerechnet werden muß, sollte man auf Apfelbäume lieber verzichten. Äpfel sind selbstunfruchtbar und brauchen zur Bestäubung Pollen anderer Sorten. Das Fruchtwachstum ist abhängig von ausreichender Feuchtigkeit im Sommer und auch von der Bodenqualität.

Die wichtigsten Apfelsorten und ihre Beschreibung

Sorte	Wuchs	Fruchtfarbe	Geschmack	Pflückreife	Bemerkungen
‚Alkmene'	schwach bis mittelstark, gedrungen	gelb, rot geflammt	sehr aromatisch, feine Säure	Anfang–Mitte September	Blüte frostempfindlich
‚Berlepsch'	mittel bis stark, locker, aufrecht	grüngelb, rot marmoriert	sehr aromatisch, feine Säure	Ende September–Oktober	Blüte und Holz frostempfindlich
‚Bohnapfel'	mittelstark, dicht kugelig	grünlich, rötlich gestreift	leicht säuerlich weniger aromatisch	Ende Oktober–November	für rauhe Lagen; frosthart, sehr haltbar
‚Boskoop'	stark, breit ausladend	gelb, etwas rötlich	säuerlich, würziges Aroma	Ende September–Oktober	frostempfindlich; für Frischverzehr und Küche
‚Brettacher'	stark, breit locker	gelblichgrün mit Rot	leicht säuerlich weniger aromatisch	Mitte–Ende Oktober	robust, frosthart, haltbar

Sorte	Wuchs	Fruchtfarbe	Geschmack	Pflückreife	Bemerkungen
‚Cox Orange‘	mittelstark, dicht, kugelig	gräulich grüngelb, sonnseits rötlich	feine Säure, sehr aromatisch	Mitte–Ende September	etwas frostempfindlich; Triebe bremsen
‚Elstar‘	mittelstark, aufrecht, dicht	gelb mit roter Deckfarbe	süßsauer, sehr aromatisch	Mitte September–Oktober	Holz etwas frostempfindlich; Triebe auslichten
‚Glockenapfel‘	mittelstark, aufrecht	grüngelb mit rötlichem Anflug	frisch mit ausgeprägter Säure, weniger aromatisch	Mitte–Ende Oktober	Krebs- und Stippe- gefährdet; Vorerntefruchtfall; haltbar
‚Gloster‘	stark, aufrecht	grünlich, flächig dunkel- bis bläulich rot	säuerlich, leicht aromatisch	Mitte–Ende Oktober	wenig frostempfindlich, schorfanfällig
‚Golden Delicious‘	mittelstark, aufrecht	grüngelb bis gelb	süßlich, aromatisch	Anfang–Ende Oktober	wärmeliebend; wenig frostempfindlich, grüne Früchte ohne Qualität
‚Goldparmäne‘	mittelstark, steil aufrecht	rote Streifen auf gelblichem Grund	süßlich, nußartiges Aroma	Mitte–Ende September	reift unregelmäßig; läuse- und stippegefährdet
‚Gravensteiner‘	stark, breit ausladend	gelblich grün, sonnseits rötlich gestreift	süßsäuerlich, ausgeprägtes Aroma	Ende August–September	frostempfindlich, nicht zu früh ernten
‚Idared‘	schwach, pyramidal	grünlich gelb, flächig rot	säuerlich frisch, weniger aromatisch	Mitte–Ende Oktober	wärmeliebend, mehltauanfällig; haltbar
‚James Grieve‘	mittelstark, dicht	gelblich, gelegentl. rötliche Backe	leicht säuerlich, würziges Aroma	Mitte August–September	bei früher Ernte sauer; starker Junifall
‚Jonagold‘	mittelstark, breit locker	grüngelb bis gelb, orange Streifen	süßsäuerlich, aromatisch	Ende September–Oktober	frostempfindlich; mehrmals durchpflücken
‚Kaiser Wilhelm‘	stark, breit ausladend	gelblich, oft rot überzogen	wenig Säure fein gewürzt	Ende September–Oktober	robust und unempfindlich
‚Klarapfel‘	mittelstark, aufrecht, locker	grünlich, später gelblich-weiß	erfrischend säuerlich, weniger aromatisch	Ende Juli–August	frosthart, keine nassen Standorte
‚Melrose‘	stark, aufrecht, locker	gelblich grün, mit bräunlichroter Deckfarbe	süßlich, angenehmes Aroma	Anfang–Mitte Oktober	frosthart, anspruchslos; Wuchs bremsen

Sorte	Wuchs	Fruchtfarbe	Geschmack	Pflückreife	Bemerkungen
‚Oldenburg‘	mittelstark, aufrecht, locker	grünlich gelb mit roten Streifen	mildsäuerlich, weniger aromatisch	Anfang–Mitte September	Blüte frost-empfindlich; regelmäßig schneiden
‚Ontario‘	eher schwach pyramidal	grüngelb, Rot verwaschenes	leicht säuerlich, schwach würzig	Mitte–Ende Oktober	Holz frost-empfindlich; stark schneiden
‚Zuccalmaglio‘	schwach bis mittelstark, pyramidal	grünlich gelb, rötlich angehaucht	mild, würziges Aroma	Ende September–Oktober	wenig empfindlich; regelmäßig ausdünnen

Birnen

Diese Kernobstart mit ihren süßen, saftigen Früchten paßt sich an vielerlei Kulturbedingungen an, gedeiht allerdings nicht auf vernäßten, kalten Böden. Die pyramidenförmig wachsenden Bäume werden bis 13 m hoch. Auf Quitten veredelte Tafelbirnen beanspruchen einen Standraum von etwa 4 Quadratmeter. Birnen sind wie Äpfel nicht selbstfruchtbar; sie müssen von außen befruchtet werden. Da die Birnen früher blühen als Äpfel, ist ihre Blüte durch Spätfröste noch gefährdeter. Die Bäume müssen an einem sonnigen Platz stehen, am besten auf warmem, gut bearbeitetem und durchlüftetem Boden. Extrem kalte Winter machen den Birnbäumen besonders zu schaffen. Es gibt zahlreiche Birnensorten, unter denen man je nach Lage und klimatischen Bedingungen im eigenen Garten auswählen kann.

Frühe Sorten:

'Clapps Liebling' mit gelbrot gestreiften Früchten ab August und regelmäßigen Erträgen; 'Frühe von Trevoux' mit rötlichen, stumpfkegeligen Früchten ab August und mittleren Erträgen.

Mittelfrühe Sorten:

'Gute Luise' mit länglich-eiförmigen, bräunlichroten Früchten ab September und mittleren bis hohen Erträgen; 'Williams Christbirne' mit glockenförmigen, aromatischen Früchten ab September und mittleren bis hohen Erträgen; 'Köstliche von Charneu' mit rötlich überhauchten, süßsäuerlich würzigen Früchten ab Ende September und mittleren Erträgen.

Späte Sorten:

'Madame Verte' mit bräunlichen, aromatischen Früchten ab Ende Oktober mit mittleren Erträgen; 'Vereinsdechantsbirne' mit großen, blaßroten, aromatischen Früchten ab Oktober und guten Erträgen.

Links: Die Wildform dieser saftigen Birnen ist in Westasien zu Hause.

Ganz oben: Eine hübsche Zierde für den Garten ist die Blühphase der Birnen.

Oben: Sehr saftig ist die Birnensorte 'Louise bonne de Jersey'.

Auch als Spalier kann man Kern- und Steinobst kultivieren.

Äpfel und Birnen bringen ihre Früchte meist an den kurzen Nebentrieben hervor, die man auch als Fruchtholz bezeichnet. Deshalb muß durch den Schnitt die Bildung des Fruchtholzes nach Kräften gefördert werden.

Wer sein Bäumchen in der Baumschule kauft, läßt den Pflanzschnitt dort durchführen. Beim Buschbaum werden 3 Leitäste und 1 Mitteltrieb belassen, die ca. 20–30 cm über der zukünftigen Stammhöhe abgeschnitten werden. In den nächsten Jahren werden in erster Linie die nach innen wachsenden Triebe entfernt, die anderen Triebe kürzt man je nach Wachstum stärker oder schwächer ein. Bei der Spindel fehlen die Leitäste, das Astgerüst besteht nur aus dem Mitteltrieb (Stamm) und den Fruchtästen. Bei einjährigen Veredelungen wird der Mitteltrieb auf 70–90 cm über dem Boden abgeschnitten. Alle anderen Triebe werden bis 50 cm über dem Boden beschnitten. Bei geringem Blütenknospenansatz werden die Seitentriebe leicht eingekürzt.

Auf Bauerngehöften sieht man solche großen Birnenbäume noch häufig.

Bei allen Apfel- und Birnbäumen empfiehlt es sich, den Baum gut auszulichten, damit allzu dicht- und querwachsende Äste entfernt werden. Die Mitte des Baumes sollte offen, die Äste müssen gleichmäßig über die ganze Krone verteilt sein. Dann bekommen die Früchte genügend Sonne und Licht, sind schön gefärbt und schmecken gut.

Kirschen

Süßkirschen sind sehr beliebte Früchte zum Frischessen. Sie wachsen auf herkömmlichen Unterlagen besonders stark. Schwachwachsende Unterlagen liefert u. a. die Steinweichsel, die schwächeren Wuchs erzeugt. Man pflanzt im Garten meist veredelte Bäume, die eine einjährige Krone haben. Sie gedeihen am besten in sonnigen Lagen und brauchen tiefgründigen Boden, der reich an Nährstoffen sein sollte.

Süßkirschen werden meist nur in den ersten Jahren geschnitten, um die Krone aufzubauen. Später wird nur mehr ausgelichtet. Die meisten Früchte bilden sich an den Kurztrieben. Im Holz sind die Bäume sehr frostempfindlich. Alle Süßkirschensorten sind mit sich selbst unfruchtbar. Deshalb ist es wichtig, daß in einem Abstand von etwa 30–40 cm eine andere Sorte oder ein Sauerkirschbaum steht.

Bewährte Sorten sind:

‚Große Prinzessin' mit gelblichen, aromatischen Früchten; ‚Bianca' mit braunschwarzen Früchten.

Sauerkirschen wachsen langsamer als Süßkirschen und bleiben kleiner. Die meisten Sorten sind mit sich selbst fruchtbar, so daß ein Baum im Garten genügt. Die Fruchtäste sind dünner als die der Süßkirsche, ihr Wuchs ist hängend. Sie müssen stärker geschnitten werden als Süßkirschenbäume. Die selbstfruchtbare Schattenmorelle ist die meistangebaute, besonders pflegeleichte Sauerkirschensorte. Sie ist nicht so starkwüchsig wie andere Sorten (z. B. ‚Ludwigs Frühe' oder ‚Heimanns Rubinweichsel') und gedeiht am besten in windgeschützter Lage auf gutem Boden; sie reift in sonnigen Lagen am besten aus. Fälschlicherweise glaubt man, daß sie ihrem Namen entsprechend auch auf schattigen Nordseiten angebaut werden kann.

Diese Sauerkirschensorte muß immer wieder kräftig zurückgeschnitten werden, sonst kommt es zu Verkahlung und Hängewuchs. Früchte trägt sie hauptsächlich an einjährigen Trieben.

Noch vor dem Laubaustrieb steht die Kirsche in ihrer Blütenpracht.

Süßkirschen stammen von der heute noch bekannten wilden Vogelkirsche ab.

Man pflanzt am besten einjährige Veredelungen, weil ältere Bäume einen Standortwechsel schlecht vertragen. Über einen Erziehungsschnitt an frisch gepflanzten Pfirsichbäumen sollte man sich vom Fachmann beraten bzw. ihn von diesem vornehmen lassen. In der Zeit nach der Blüte und auch bevor die angesetzten Früchte reif werden, sind reichliche Wassergaben notwendig.

Bewährte Pfirsichsorten sind:

‚Red heaven' mit breiter Krone und großen, gelben Früchten ab August; ‚Redwing', ein wüchsiger Baum mit saftigen, gelben, aromatischen Früchten; *Nektarinen:* ‚Sunred', ‚Silver Look', ‚Starmoy'.

Der Baum trägt am vorjährigen Holz an langen Trieben, soll also durch den Schnitt angehalten werden, immer neue Triebe zu entwickeln. Im Frühjahr wählt man an der Basis des vorjährigen Holzes zwei Knospen aus, die im kommenden Jahr Triebe hervorbringen sollen, an denen Früchte wachsen.

Aprikose

Der besonders wärmeliebende Baum eignet sich in spätfrostgefährdeten

Pfirsiche

Der Baum mit den großen, saftigen Früchten gedeiht nur in milden Regionen zufriedenstellend. Auch braucht er eine windgeschützte Lage und durchlässigen, warmen Boden. Im allgemeinen wachsen die Bäume baum- bis strauchartig. Sie sind für kleine Gärten besonders günstig, da als Niederstämme gezogene Exemplare nur 3–4 m hoch werden. Pfirsiche sind mit sich selbst fruchtbar.

Oben: Seit 64 v. Chr. ist die Sauerkirsche Prunus cerasus in Italien bekannt.

Rechts: Vom Pfirsich gibt es viele wohlschmeckende Sorten.

Gebieten vor allem als Wandspalier. Im Garten braucht er einen besonders geschützten Platz, viel Wärme und durchlässigen Boden. Der selbstfruchtbare Baum kann in der Wuchshöhe begrenzt werden und wird dann nicht mehr als 3–4 m hoch. Wichtig ist ein regelmäßiger Auslichtungsschnitt vom Fachmann.

Geeignete Sorten sind:

‚Ungarische Beste' mit süßen Früchten ab Ende Juli und hohen Erträgen; ‚Mombacher Aprikose' mit goldgelben, großen Früchten ab Mitte Juli und reichen Erträgen; ‚Orange red' mit saftigen, roten Früchten ab Mitte August und hohen Erträgen.

Pflaume, Zwetschge

Ein Pflaumenbaum eignet sich dank seines nicht zu hohen, kugeligen Wuchses recht gut für kleinere Gärten. Er braucht aber einen vor kalten

Oben: Seit mehr als 4000 Jahren schon wird die Aprikose kultiviert. Ihre Heimat ist China.

Links: Im April steht die Aprikose, übrigens ein Rosengewächs, bereits in voller Blüte.

Oben: Die ersten Pflaumen können bereits im Juli geerntet werden.

Seite 147: Für kleine Gärten sind Zwetschgen besonders geeignet.

Winden geschützten Platz, viel Sonne und durchlässigen, mit Nährstoffen gut versorgten Boden. Die Blüte ist an exponierten Standorten spätfrostgefährdet. Es gibt selbstfruchtbare und selbstunfruchtbare Bäume; günstig ist in jedem Fall eine Fremdbefruchtung. Wichtig ist ein regelmäßiger Schnitt, damit das Fruchtholz laufend erneuert wird. Man kann einen Pflaumenbaum auf verschiedene Weise durch Schnitt erziehen und sollte dazu fachmännischen Rat einholen.

Bewährte Pflaumensorten sind:

‚Königin Viktoria' mit großen, gelbroten Früchten im September; ‚Große Grüne Reneklode' mit süßen, kleinen Früchten Mitte September; ‚Mirabelle von Nancy' mit gelbrötlichen Früchten; ‚Bühler Frühzwetsche' mit großen, blaubereiften Früchten Mitte August; ‚Blaue Hauszwetsche' mit mittelgroßen, blauen Früchten Ende September.

Oben: Blütenpracht der Pflaumensorte Prunus domestica ‚Czar'.

Oben rechts: Schon nahezu berühmt ist die Sorte ‚Bühler Zwetsche'.

Rechts: Erst bei völlig vollendeter Reife sollten Pflaumen gepflückt werden.

Platzsparend: Spaliere

Nicht erst im Zeitalter der immer unmäßiger steigenden Grundstückspreise und der kleiner werdenden Parzellen hat man sich auf den Obstanbau an Mauern und Wänden verlegt, sondern die Spaliererziehung kennt man in Mitteleuropa schon seit dem Spätmittelalter. In früheren Zeiten wandte man diese Methode aber nicht an, um Platz zu sparen, sondern um die stärkere Sonneneinstrahlung zu nutzen und vor allem die Fähigkeit der Wand, Wärme zu speichern. Das gab die Möglichkeit, auch in weniger vom Klima begünstigten Regionen Obstanbau zu betreiben und gute Ernten zu erzielen.

Außerdem war und ist die Arbeit an den niedrigeren und statt dessen weitausladenden Spalieren einfacher als an himmelhoch wachsenden Bäumen.

Die meisten Obstarten kann man für den Spalieranbau verwenden. Man braucht dazu aber Bäume auf schwachwachsenden Unterlagen. Für den Apfel bietet sich die Unterlage M 9 an, die mit verschiedenen Sorten angeboten wird. Spalierbirnen wachsen auf eine Quitte veredelt. Man kann aber auch Spaliere von Aprikosen, Pfirsichen und Sauerkirschen pflanzen und erziehen. Es gibt einige seit altersher angewendete klassische Spalierformen wie Kordons (waagerechte oder senkrechte Schnurbäume) U-Formen, Palmetten und Fächer. Doch sollte sich der Laie daran nicht ohne Anleitung durch einen Fachmann versuchen, denn nur bei regelmäßigem Sommer- und Winterschnitt erzielt man schöne Spaliere und eine lohnende Ernte.

Die alten Spalierformen haben inzwischen eine Weiterentwicklung erfahren, und die Baumschulen bieten heute die sogenannte »Spindel« an, die längeres Fruchtholz hat und bei der aus dem nur etwa einen halben Meter hohen Stamm gleichmäßig nach oben und nach allen Richtungen Fruchtholz wächst. Die Zweige, die nicht an der Wand entlang, sondern zu ihr hin oder von ihr weg wachsen, hindert man durch Schnitt an weiterer Entwicklung und erzieht so eine »flache Spindel«, deren Äste an das Rankgerüst gebunden werden.

Die Früchte, die sich an einem Spalier entwickeln, bekommen mehr Licht, Sonne und Wärme und sind vor Kälte und Wind besser geschützt als die auf freiwachsenden Bäumen. Ihre Qualität ist deshalb besser, und sie kommen früher zur Reife.

Platzsparend und dennoch erfolgversprechend sind die Obstsorten (hier Birnen) im Spalieranbau.

Obsthecken

Wie die Spaliererziehung bietet auch die Pflanzung einer Obsthecke Vorteile gegenüber der normalen Obstbaumkultur, denn eine solche Hecke braucht wesentlich weniger Platz. Zudem hat man die Möglichkeit, mehrere verschiedene Sorten zu pflanzen. Auch kommt mehr Licht an die Kronen der in Form einer Hecke erzogenen Bäume. Am besten legt man sie in Richtung von Norden nach Süden an. In den Baumschulen werden heute zahlreiche Sorten der verschiedenen Obstbäume angeboten, die sich für die Heckenerziehung eignen.

Die Bäume lehnen sich an ein Gerüst an, das aus Holz-, Metall- oder Betonpfählen gebildet wird, die untereinander durch 3 oder 4 Spanndrähte verbunden sind. Es gibt aber auch Hecken, in denen die einzelnen Stämme und Äste sich gegenseitig stützen. Auch bei der Heckenpflanzung und -erziehung sollte man sich fachlichen Rat holen.

Frische Beeren aus eigenem Anbau

Beeren frisch vom Strauch lassen sich an Wohlgeschmack kaum von irgendeiner anderen Frucht übertreffen. Dabei brauchen sie, einmal gepflanzt, relativ wenig Pflege. Wenn man möglichst viele verschiedene Beeren im Garten hat, gehen einem den ganzen Sommer die vitaminreichen, gesunden Früchte nicht aus.

Himbeeren. Sie bringen in jedem Jahr neue Bodentriebe hervor, deshalb müssen sie alljährlich kräftig beschnitten werden. 6–8 kräftige Ruten pro Pflanze genügen. An vorjährigen Ruten entwickeln sich die Früchte bei den einmal tragenden Sorten, Jungruten tragen bereits die Früchte der mehrmals fruchtenden Sorten.

Bei Neuanpflanzung von Himbeeren sollte man einen Abstand von mindestens 50 cm einhalten und die Ruten auf 30–40 cm zurückschneiden. Mulchen des Bodens ist dringend anzuraten. Kurz nach der Ernte kann das alte Holz entfernt werden, und zwar direkt über dem Boden. Die Ruten müssen im Winter vorsichtig an Drähten festgebunden werden. Durch die Verletzung könnte die gefährliche Rutenkrankheit übertragen werden.

Alles, was im Frühjahr über den oberen Draht hinaussteht, wird abgeschnitten. Ruten mit über 2 m Länge bringen zwar noch Früchte, doch sind diese meist kleiner. Durch das Einkürzen werden die verbleibenden Früchte besonders groß. Ist die Ernte vorbei, schneidet man alle Äste, die Früchte getragen haben, über der Basis ab.

Zweimal- oder mehrmals fruchtende Sorten schneidet man im Frühjahr, ehe der Austrieb beginnt, bis auf wenige Zentimeter über dem Boden zurück und lichtet die neuen Triebe kräftig aus. Sie brauchen keine Stütze, da sie nur etwa 1 m hoch wachsen.

Brombeeren

Sie werden am besten im Frühjahr gepflanzt, und zwar in eine mit Kompost angereicherte Pflanzgrube. Man

Oben: Reich an Provitamin A sind die Brombeeren.

Links: Wohlschmeckend und köstlich sind die saftigen Früchte der Brombeere.

zieht Brombeeren am besten an einem Drahtgerüst. Brombeeren tragen an den Nebentrieben der vorjährigen Äste ihre Früchte. Sofort nach der Ernte werden die Ranken, die Früchte getragen haben, etwas zurückgeschnitten. Ganz entfernt werden sie nicht, sondern sie dienen den Jungruten als Winterschutz. Jungtriebe erzieht man am besten nach einer Seite hin. Brombeerranken werden an Drähten festgebunden. Wichtig ist der Sommerschnitt der Seitentriebe, die ab Juli aus den Jungtrieben wachsen. Diese Geiztriebe, die sonst sehr lang werden, müssen bis zum Frühherbst auf eine Länge von 30–40 cm auf 2–4 Augen eingekürzt werden. So bleibt die Hecke übersichtlich, und im nächsten Jahr gibt es zahlreiche Fruchtstände mit großen Beeren.

Stachelbeeren (hier die Sorte ‚Hönings Früheste') eignen sich auch gut als Heckenpflanzung.

Stachelbeeren

Man pflanzt sie am besten nach der Vegetationsperiode im Frühwinter und schneidet dabei die kräftigsten Triebe um rund ein Drittel zurück. Alle schwächeren Triebe werden entfernt. Bei älteren Sträuchern reichen 6–8 Haupttriebe aus. Ein solcher Schnitt wird alljährlich im Winter wiederholt. Stachelbeeren sollten nicht zu ausladend werden und immer so geschnitten sein, daß man die

Früchte ernten kann, ohne Kratzer davonzutragen. Damit die Beeren im Sommer von der Sonne erreicht werden, sind die Sträucher auszulichten. Zu dicht stehende Seitentriebe schneidet man weg oder kürzt sie stark ein. Tritt der Amerikanische Mehltau auf, sind alle Triebspitzen einzukürzen.

Winterhart sind die Sträucher der Roten Stachelbeere, süßsauer ihre knackigen Früchte.

Johannisbeeren

Die roten und die weißen Johannisbeeren werden im Herbst oder Frühjahr gepflanzt. Man hebt ein genügend großes Pflanzloch aus, lockert den Boden gut auf und mischt ihn mit verrottetem Kompost. Die Sträucher sollen etwas tiefer in der Erde stehen als an ihrem letzten Standort, damit es viele frische Austriebe gibt. Bei der Pflanzung mehrerer Sträucher ist ein Abstand von 1,50 m einzuhalten. Johannisbeeren bringen ihre Früchte an den Trieben des zwei- oder dreijährigen Holzes hervor. Der Strauch wird

aus etwa 8–10 starken Ästen aufgebaut, im Winter oder Frühjahr schneidet man die Leittriebe um etwa 50 Prozent zurück, im Sommer werden die Nebenäste beschnitten (auf 5 Blätter). Bei älteren Sträuchern muß immer wieder das älteste Holz ausgeschnitten werden, um jungen Trieben Platz zu machen.

Oben: Angenehm süßsäuerlich schmecken die weißen Johannisbeeren.

Links: Im Juli und August ist Erntezeit für die Gewöhnlichen Stachelbeeren (Ribes uvacrispa).

Rote Johannisbeeren werden gerne zu Saft und Gelee verarbeitet.

Schwarze Johannisbeeren tragen ihre Früchte an vorjährigen Trieben. Bei einer Neupflanzung im Herbst werden alle Triebe radikal (auf 4–5 cm über dem Boden und höchstens 2 Knospen) zurückgeschnitten, wenn der Strauch noch nicht genügend Triebe besitzt. Mit 8–10 Leitästen wird der Strauch aufgebaut, und man läßt später auch nicht mehr stehen. Im Laufe der Jahre muß immer wieder altes Holz schon am Boden ent-

Oben rechts: Schwarze Johannisbeeren enthalten wertvolle Vitamine.

Rechts: Heidelbeeren benötigen viel Feuchtigkeit, vor allem aber einen sauren Boden.

fernt werden, damit sich von unten herauf neue kräftige Triebe bilden können. Seitentriebe werden nicht eingekürzt.

Wer sich eine noch größere Beerenvielfalt wünscht, der sollte auch die Jostabeeren probieren, eine Kreuzung von Schwarzer Johannisbeere und Stachelbeere mit großen, aromatischen Früchten. Sie werden heute schon in vielen Baumschulen angeboten.

Wo es im Garten sauren Boden gibt, wie ihn die Moorbeetpflanzen lieben, da lohnt sich gewiß auch ein Versuch mit Kulturheidelbeeren und Kulturpreiselbeeren, die große, saftige Früchte liefern.

Erdbeeren

Ein besonders wertvolles und beliebtes Obst sind die Erdbeeren. Die flachwurzelnden Pflanzen brauchen besten Boden, der frei von Dauerunkräutern sein soll. Sandböden müssen mit Kompost verbessert werden. Die

zur Pflanzung verwendeten Jungpflanzen sollen von einjährigen Pflanzen gewonnen sein. Da der Abstand der Pflanzreihen zwischen 30 und 50 cm groß sein muß, kann man im ersten Jahr eine Reihe Gemüse dazwischenpflanzen oder -säen (Salat, Zwiebel, Knoblauch).

Oben links: Die herrlich schmeckenden Früchte der heimischen Heidelbeere.

Links: Die Preiselbeere (Vaccinium vitis-idaea) verträgt auch Rauhreif.

Oben: Preiselbeeren wachsen in unseren Wäldern auch wild.

Kompostgaben und verdünnte Brennesseljauche verbessern den Boden. Pflanzzeit der Ableger ist Ende Juli bis Anfang August. Bei späterer Pflanzung sind die Erträge im nächsten Jahr nicht sehr hoch. Erdbeeren brauchen Zeit zum Anwachsen, und erst wenn sich genügend Wurzeln gebildet haben, können sie die Nährstoffe aufnehmen, die für die Blütenanlage notwendig sind. Blütenknospen werden bereits im Herbst gebildet. Während der Blüte muß man den Boden um die Pflanzen mit Stroh oder Rindenmulch abdecken. So bleiben die Früchte sauber und faulen weniger.

Notwendig ist das Entfernen der bereits zur Erntezeit stark nachwachsenden Nebenranken, wenn keine Jungpflanzen benötigt werden. Unterbleibt es, sinkt der Ertrag. Erdbeeranlagen sollen nach spätestens vier Jahren gerodet werden, weil nur mehr kleine Früchte wachsen und der Ertrag nachläßt. Eine Neubepflanzung des gleichen Beets darf erst nach frühestens drei Jahren wieder erfolgen.

Um Fäulnis und Schmutz zu verhindern, sollten Erdbeeren mit Stroh oder Rindenmulch abgedeckt werden.

Frühe Erdbeersorten für den Hausgarten sind:
‚Aphrodite', ‚Elvira', ‚Gorella'.
Später reifende Sorten sind:
‚Senga Sengana', ‚Romata', ‚Peltata', ‚Ferma', ‚Elsanta', ‚Rapella'

Monatserdbeeren (z. B. ‚Rügen', ‚Baron von Solemacher') bringen nur kleine Früchte, dafür aber vom Sommer bis zum Herbst. Sie eignen sich auch als Beeteinfassungen.

Walderdbeeraroma hat die kleinfrüchtige Sorte ‚Spadeka' zu bieten. Mehrmals tragen die Sorten ‚Ostara' und ‚Hummi-Gento'.

Eine Liebhabersorte ist die Klettererdbeere ‚Hummi'.

Register